Anleitung

zum

Mischen von Branntweinen

nach Maaß und Gewicht

mit dem Volumen- und dem Gewichts-Alkoholometer.

Zum praktischen Gebrauch für

Branntwein-Brenner und Händler, Destillateure, Gastwirthe,
Gewerbetreibende und Aichungsbehörden

von

Dr. F. Plato,

technischem Hülfsarbeiter bei der Kaiserlichen Normal-Aichungs-Kommission.

Berlin.

Verlag von Julius Springer.

1895.

ISBN-13:978-3-642-94076-7   e-ISBN-13:978-3-642-94476-5
DOI: 10.1007/978-3-642-94476-5

Berlin
Verlag von Julius Springer
1895

Inhaltsverzeichniß.

Vom Mischen im Allgemeinen.

Mischen und Zusammengießen, bald von Sprit mit Wasser, bald von zwei Branntweinen verschiedener Stärke unter einander, ist eine in der gesammten ausgedehnten Branntweintechnik so häufig wiederkehrende Handlung, daß fast jeder der in Frage kommenden Industriellen und Gewerbetreibenden sie beinahe täglich vorzunehmen hat. Wenn freilich in den Brennereien die Abläufe verschiedener Stärke sich in einem Sammelgefäß vereinigen und so einen Spiritus ergeben, dessen Alkoholgehalt etwa in der Mitte der verschiedenen zusammengelaufenen Spiritussorten liegt, so hat man es hier mit keinem systematischen Mischen zu thun, denn es kommt durchaus nicht darauf an, daß ein ganz bestimmter Prozentgehalt erreicht wird, und der Inhalt der Sammelbassins kann innerhalb ziemlich weiter Grenzen schwanken und verschieden ausfallen. Von größter Wichtigkeit dagegen wird die Spiritusstärke beim Verkauf, denn der Gehalt an reinem Alkohol allein bestimmt den Preis des Fabrikates. Der Spiritushändler kommt häufig in die Verlegenheit, einen Branntwein von genau festgesetzter Stärke liefern zu müssen, wie er gerade für einen besonderen Zweck benöthigt wird, z. B. zum Brennen, zum Poliren, zur Herstellung von Parfümen, Essenzen, Aquaviten u. s. w., wie er gerade vom Markt verlangt, oder nach den Usancen irgend eines bestimmten Börsenplatzes gehandelt wird, und was dergleichen Veranlassungen mehr sind. Da muß denn aus den vorhandenen Beständen zusammengemischt werden, da muß ein zu starker Branntwein durch Zusatz von Wasser verdünnt werden, oder ein zu schwacher durch Hinzugießen eines höherprozentigen eine Verstärkung und Verbesserung erfahren.

Am meisten muß sich indessen wohl der Destillateur und der Likörfabrikant, sowie der kleine Gastwirth auf dem Lande, der sich seine eigenen Schnäpse auch selber braut, mit dem systematischen Mischen und Zusammengießen von Branntweinen befassen. Ja, heutigen Tages, wo die eigentliche Destillation gar nicht mehr in den Händen der sogenannten Destillateure liegt, sondern wo die Essenzen für jeden beliebigen Trinkbranntwein fabrikmäßig im Großen hergestellt werden, besteht die ganze Erzeugung der Liköre, die Destillation auf kaltem Wege, wie man sie bezeichnet hat, eigentlich überhaupt aus weiter nichts, als dem Zusammengießen von Sprit und Wasser, oder zwei verschiedenen Spiritussen ungleichartiger Stärke mit einander und mit Essenzen der mannigfaltigsten Art, die alle fertig bezogen werden können. Geht man umständlicher zu Werke, so läßt man auch wohl Kräuter in der Alkoholmischung digeriren, oder man nimmt an Stelle der Essenzen die einzelnen Oele, die zu ihrer Zusammensetzung gedient haben. Aber wie auch immer man vorgehen möge, welcher Art der Bereitung jeder einzelne den Vorzug geben zu müssen meint, in jedem Falle kommt es am meisten darauf an, dem Gemisch, dem fertigen Fabrikat eine ganz genau ge=wünschte und vorgeschriebene Alkoholstärke zu verleihen, wie sie gerade dem Geschmacke eines ganz bestimmten Publikums entspricht. Und dieser Geschmack, nicht weniger tyrannisch, wie die Mode, der für den Fabrikanten von ausschlaggebender Bedeutung ist, weil er ihn treffen muß, will anders er für seine Erzeugnisse Absatzquellen nicht nur finden, sondern auch dauernd sich erhalten, — der wechselt nicht nur von Ort zu Ort, sondern fast von Individuum zu Individuum. So liebt man z. B., um zunächst von den außerdeutschen Ländern ganz abzusehen, in Westfalen und an der Nordseeküste sehr starke und gehaltreiche Brannt=weine, wie Doornkat, Steinhäger und andere ähnlicher Art, während man im Süden mehr die milderen Sorten begünstigt, so trinken unsere Damen ganz gerne einen Likör oder Creme, während das männ=liche Geschlecht mehr die eigentlichen Branntweine, wie Nordhäuser, Cognak, Getreidekümmel und dergleichen bevorzugt; doch lassen sich auch hier nicht einmal genauere Normen aufstellen, denn nebenbei machen sich noch außerdem in den verschiedenen Gesellschaftsklassen und noch mehr in den Gewohnheiten der Trinker die größten Unterschiede bemerkbar. Selbstverständlich aber möchte ein Jeder gerne immer nur das trinken, was ihm am meisten zusagt, oder auch was seiner, vielleicht richtiger gesagt seines Magens Stimmung im Augenblicke gerade behagt, und so hat sich denn im Laufe der Zeit die Likörfabrikation zu einer wirklichen Kunst herangebildet, die mit den raffinirtesten Mitteln auf Zunge und Gaumen, auf Geschmack und Magen einzuwirken bestrebt ist. Es darf allerdings nicht verschwiegen werden, daß für die gute Einführung und die Beliebtheit eines Trinkbranntweins neben der Alkoholstärke noch eine ganze Reihe anderer Eigenschaften eine nicht unbedeutende Rolle spielen, so der Gehalt an ätherischen Oelen und Extraktivstoffen, die Menge des zugesetzten Zuckers, Aussehen und Farbe, ja oft hat sogar schon allein ein geschickt gewählter Name wahrhaft Wunder bewirkt. Dennoch bleibt das Herstellen einer ganz bestimmten, im Voraus festge=setzten Alkoholstärke für den Destillateur immer das wichtigste, aber auch zugleich das schwierigste Erforderniß, und nach dem neuen Branntwein=

steuergesetz um so mehr, als die hohen Preise von Sprit von selbst dazu antreiben, diese kostbare Flüssigkeit nicht leichtsinnig zu vergeuden. Da ist es denn sicher besser, sich vor dem Mischen durch eine kleine Rechnung Klarheit darüber zu verschaffen, was man eigentlich nachher erhalten wird, als lange herum zu probiren.

An und für sich erscheint ja das Mischen äußerst leicht, man nimmt einfach reinen Alkohol und gießt solange Wasser zu diesem hinzu, bis der entstandene Branntwein die verlangte Stärke hat; man kann auch Sprit nehmen, die Sache bleibt dieselbe. Natürlich darf man hierbei das Alkoholometer nicht aus der Hand lassen. Man gießt also zunächst nach Gutdünken Wasser in den Alkohol hinein, senkt die Spindel in die Flüssigkeit, liest die scheinbare Stärke und die Temperatur ab, verwandelt unter Zuhilfenahme der amtlichen Tafeln der Kaiserlichen Normal-Aichungs-Kommission die scheinbare Stärke in die wahre, und erhält dann ein Resultat, das unter selten vorkommenden Glücksumständen bereits das richtige ist. Hat man dieses Glück, auf das man jedenfalls nicht allzu fest bauen sollte, indessen nicht, so muß man dasselbe Verfahren nochmals wiederholen, oder auch zum dritten Male und noch öfter. War die Mischung noch zu stark, so fügt man abermals Wasser hinzu, war man dagegen bereits über das Ziel hinausgeschossen und hatte mit dem Wasser des Guten zu viel gethan, so muß man zur Verstärkung des Branntweins wieder Alkohol nehmen, wenn man noch welchen hat. Zum Ziele kommt man auf diese Weise in jedem Falle, das gewünschte Ergebniß erreicht man unzweifelhaft, aber es kostet viel Zeit und Arbeit. So lange es sich nur um die Herstellung eines Spiritus handelt, mag das aber immerhin noch gelten, will man aber einem schon fertigen Produkt nachträglich noch eine andere, höhere oder geringere Stärke geben, so kann man sich nicht mehr auf ein Herumprobiren einlassen, da ist es denn schon besser, man scheut die kleine Mühe der vorherigen Berechnung nicht, dann weiß man wenigstens, was man zu nehmen hat und was man erhält.

Ungleich viel schwieriger und verwickelter gestaltet sich die Lösung, wenn die Aufgabe gestellt ist, nicht nur Branntwein von einer bestimmten Stärke herzustellen, sondern wenn auch außerdem noch eine ganz genau vorgeschriebene Litermenge gefordert wird. Das ist ein Fall, wie er z. B. eintritt, wenn ein Aichungsbeamter zur Prüfung von Alkoholometern ein Standglas, eine Flasche voll Spiritus einer gewissen Prozentstärke sich herstellen muß, oder wenn bei einem Likörfabrikanten oder Destillateur von einem sonst vielleicht nicht allzu häufig verlangten, weniger gangbaren Likör oder Aquavit, von dem man sich also nicht gern größere Mengen oder besser garnichts auf Lager halten will, plötzlich eine vorgeschriebene Quantität bestellt wird. Da versagt die oben beschriebene Herstellungsmethode vollkommen, denn sie liefert wohl ein Gemisch von einem verlangten Alkoholgehalt, hinsichtlich der Litermenge, welche man erhält, ist man indessen durchaus abhängig davon, wie glücklich man beim Ausprobiren ist, und wie oft man beim Zugießen von Wasser oder Branntwein mehr als ausreichend und genügend genommen hat. In jedem Falle aber muß man zuviel erhalten, das hieße aber, der Aichungsbeamte hätte Staatsgut unnütz vergeudet und der Gewerbetreibende hätte sich unnütz einen Ladenhüter auf den Hals gebracht, der ihm nur Platz fortnimmt. Man könnte leicht noch mehr Beispiele anführen, denn derartige und ähnliche Aufgaben kommen häufig genug in der Praxis vor. Ein gewissenhafter Beamter aber und ein vorsichtiger Geschäftsmann wird es nicht auf den Zufall ankommen lassen, wieviel ihm verloren geht, sondern wird sich lieber vorher die Mengen berechnen, damit er eben nichts einbüßt, sondern Zeit und Material erspart. Namentlich ist das von größter Wichtigkeit für den kleinen Destillateur und Gastwirth, der oft nicht in der Lage ist, sich eine große Auswahl vorräthig zu halten, an den aber selbstverständlich die gleichen Anforderungen von Seiten des verzehrenden Publikums gestellt werden, wie an den Großfabrikanten.

Der letzterwähnte Fall wird dadurch noch schwieriger in seinem Verlauf zu übersehen, daß man beim Zusammengießen von Branntweinen untereinander oder mit Wasser, niemals das gesammte Quantum dessen, was man genommen hat, auch nachher wirklich erhält, sondern immer ein gut Theil weniger, was bei größeren Mengen sogar eine nicht unbeträchtliche Literzahl Mindermaaß ausmacht; man hat in Folge dessen über die Litermenge, die man beim Mischen erhalten wird, nur einen verhältnißmäßig geringen Anhalt. Eine große Vereinfachung des Verfahrens tritt dann ein, wenn man ausschließlich nach Gewicht und mit dem Gewichtsalkoholometer mischt, wie ich auch schon in meiner „Tafel zur Umrechnung der Volumenprozente in Gewichtsprozente und der Gewichtsprozente in Volumenprozente bei Branntwein" (Berlin, Verlag von Julius Springer) ausführlicher auseinandergesetzt habe. Das wissen eine große Anzahl von Interessenten recht wohl und haben sich auch bereits an diese Methode gewöhnt und sie sich zu eigen gemacht. Es unterliegt wohl keinem Zweifel, daß die Ueberzeugung von der großen Ueberlegenheit des Mischens nach Gewicht über dasjenige nach Maaß sowohl hinsichtlich der Genauigkeit der Resultate als auch der Leichtigkeit der Berechnung, sich immer mehr und mehr Bahn brechen wird, so daß die letztere Methode allmählich gänzlich verschwinden und schon in wenigen Jahrzehnten der Vergangenheit angehören wird. So lange aber noch Volumenalkoholometer im Gebrauch sind, so lange noch nach Volumenprozenten verlangt und geliefert wird, so lange endlich eine größere Anzahl von Fabrikanten, wie dies namentlich in Süddeutschland vorwiegend der Fall ist, noch beim Mischen das Abmessen für bequemer erachtet, als das Abwiegen, so lange muß auch die Gelegenheit geboten werden, sich des einen oder des anderen Verfahrens ganz nach Belieben zu bedienen und sich hierbei die größtmöglichen Erleichterungen zu verschaffen.

In Erwägung dieser Umstände sind denn auch bereits mehrfach eingehende Darlegungen aller Verhältnisse, welche beim Mischen von Branntweinen eintreten können, von namhaften Gelehrten und Fachmännern geschrieben worden, es seien hier nur erwähnt: Theoretisch-praktische Abhandlung über die Verfertigung und den Gebrauch der Alkoholometer von Simon Stampfer, Der Alkoholometer und dessen Anwendung zur richtigen Bestimmung der Stärke, des Werthes, der Mischungsverhältnisse und des Quartinhaltes weingeistiger Flüssigkeiten u. s. w. von A. F. W. Brix, und andere mehr. Aber alle diese Werke verfolgen weitere Zwecke, sie können also dem Mischen selbst nur einen geringen Raum überlassen und nur wenige Beispiele für die praktische Ausführung desselben darbieten; die Tafeln, die sie bringen, beruhen auf veralteten Fundamentalzahlen, so daß sie nach den heute gültigen Werthen für die spezifischen Gewichte der Alkohol-Wassermischungen nicht mehr richtig sind, endlich berücksichtigen sie das Mischen nach Gewicht überhaupt nicht, aus dem einfachen Grunde, weil damals die Volumenalkoholometer allein in Umlauf und Geltung waren, während jetzt, wie bekannt, nur noch Gewichtsalkoholometer zur Aichung zugelassen werden. Alle Zahlenangaben in den folgenden Zeilen, alle beigegebenen Tafeln basiren ausschließlich auf den amtlichen Publikationen der Kaiserlichen Normal-Aichungs-Kommission zu Berlin.

I. Das Mischen nach Maaß mit dem Volumenalkoholometer.

Die Art des Mischens, ob auf der Waage und mit Gewichten, oder mit Hohlmaaßen, ist an und für sich vollständig unabhängig von der Art, wie man nachher die Alkoholstärke der gewonnenen Flüssigkeit ermittelt, sei es mit einem Volumenalkoholometer, einem Gewichts-alkoholometer oder einem spezifischen Gewichtsaräometer, — man kann also bei Benutzung eines Volumenalkoholometers ganz ruhig die zu mischenden Mengen abwägen, ebenso kann man zur Alkoholisirung sich eines Gewichtsalkoholometers bedienen und das Zusammengießen mit dem Litermaaß ausführen. Es ist ein bedeutender, aber trotzdem weitverbreiteter Irrthum, wenn man glaubt, daß man bei der Benutzung eines Volumenalkoholometers nun auch nach dem Raumgehalt kaufen, verkaufen oder mischen müsse, und doch ist es wohl diese Erwägung, die dem Mischen nach Maaß eine so weite, fast könnte man sagen allgemeine Verbreitung verschafft hat. Es läßt sich nicht leugnen, daß diese Methode eine Reihe von wenigstens scheinbaren Vorzügen hat, die aber alle in dem Bestreben des Menschen wurzeln, sich jede Arbeit so leicht und angenehm zu gestalten, wie nur irgend möglich, und ihre Ausführung auf jede Weise zu beschleunigen, sei es auch, daß diese Schnelligkeit allein auf Kosten der Genauigkeit zu erreichen ist. So kommt es, daß man die großen Ungenauigkeiten, die dem Messen anhaften, übersieht, oder sie als nicht zu vermeidendes Uebel mit in den Kauf nimmt, um so mehr, als auch in der kleinsten Gastwirthschaft Litermaaße wohl zu finden sind, während die Anschaffung der theureren Waagen und Gewichte gerne vermieden wird, wenn diese zum Geschäftsbetriebe nicht unumgänglich nöthig sind. Beim Krämer ist das auch ganz gleichgültig, der wirkliche Fabrikant aber und der Großhändler sollte eigentlich nur nach Gewicht mischen, denn was er beim Mischen selbst durch das Auswiegen an Zeit verliert, das gewinnt er doppelt durch die Leichtigkeit und Schnelligkeit, mit welcher das Resultat im Voraus berechnet werden kann, ganz abgesehen von der größeren Sicherheit und Genauigkeit, welche erreicht wird.

Wenn man zu 100 l reinen Alkohols noch 100 l Wasser hinzugießt, so sollte man zunächst vermuthen, daß man 200 l Branntwein erhält, und da ja der Alkohol nicht verschwinden kann, so müssen in diesen 200 l Branntwein 100 l reiner Alkohol enthalten sein, oder in je 100 l Branntwein je 50 l reiner Alkohol, d. h. das Mischungsprodukt müßte eine wahre Stärke von 50 Volumenprozenten haben. Mischt man ferner 100 l eines 85 prozentigen Branntweins mit 100 l eines 65 prozentigen Branntweins, so erwartet man als Resultat 200 l eines Branntweins von 75 Volumenprozenten wahrer Stärke. Denn einerseits machen 100 l und 100 l zusammen 200 l. Dann aber sind gemäß der Definition der Volumenprozente in 100 l 85 prozentigen Branntweins 85 l reiner Alkohol, in 100 l 65 prozentigen Branntweins 65 l reiner Alkohol, in den 200 l Mischung demnach $85 + 65 = 150$ l reiner Alkohol, in 100 l also 75 l, d. h. die Mischung hätte eine wahre Stärke von 75 Volumenprozenten.

Das klingt bestechend einfach, leider aber liegen in Wahrheit die Verhältnisse ganz anders und sind sehr viel verwickelter, weil beim Mischen von Branntweinen unter einander oder auch mit Wasser eine Zusammenziehung der Flüssigkeit vor sich geht. Die gleiche Erscheinung kommt nicht nur bei vielen Mischungen von Flüssigkeiten mit einander vor, sondern tritt auch häufig bei Lösungen fester Körper in Flüssigkeiten zu Tage. In Folge der Zusammenziehung (Kontraktion) erhält man immer weniger Mischung, als nach den zusammengegossenen Litermengen vermuthet werden müßte, wie auch schon in der Einleitung erwähnt wurde, oder anders ausgedrückt: Der Raumgehalt der Mischung ist immer kleiner, wie die Summe der Raumgehalte ihrer Bestandtheile. Obenein steht die Zusammenziehung nicht in einem einfachen, leicht zu übersehenden Zusammenhange mit dem Prozentgehalte der Mischung, sie kann nicht ohne weiteres in Anrechnung gebracht und im Voraus berechnet werden, wie sich ja eigentlich auch von selbst versteht. Bei Branntwein von 0 Prozent, d. h. also bei reinem Wasser findet keine Mischung, also auch keine Zusammenziehung statt; das Nämliche gilt für Branntwein von 100 Prozent oder reinen Alkohol. Zwischen diesen beiden äußersten Prozentgehalten muß daher die Zusammenziehung ansteigen, einen höchsten Werth erreichen und wieder auf 0 herabsinken; das Maximum der Kontraktion findet bei 54 Volumenprozenten statt. Wenn nun auch das Gesetz des Zusammenhanges zwischen Prozentgehalt und Zusammenziehung nicht bestimmt ist, so sind doch über die Größe derselben eine Anzahl von Versuchsreihen angestellt, von denen hier nur zwei Erwähnung finden mögen, diejenigen von Gilpin, auf welchen alle älteren Kontraktionstafeln beruhen und die neueren des russischen Chemikers Mendelejeff, welche der Tafel 1 dieses Buches zu Grunde gelegt sind, da Mendelejeffs Untersuchungen für die Fundamentalzahlen der deutschen Volumen Alkoholometrie die Unterlagen geliefert haben.

Kehren wir nunmehr zu unseren obigen Beispielen zurück. Mischt man 100 l reinen Alkohols mit 100 l reinen Wassers, so erhält man nicht 200 l, sondern nur 192,7 l Branntwein, letzterer hat sich also um 7,3 l zusammen gezogen. Die Mischung hat demnach auch nicht 50 Volumenprozente, sondern da 100 l Alkohol in 192,7 l Branntwein enthalten sind, $\frac{100}{192,7} \cdot 100 = 51,9$ Volumenprozente. Hätte man einen Branntwein von 50 Volumenprozenten herstellen wollen, so hätte man nach Tafel 1 zu 100 l reinen Alkohols 107,5 l Wasser hinzugießen müssen; die Zusammenziehung hätte in diesem Falle 7,5 l betragen. Ebenso erhält man im zweiten Beispiele nicht 200 l, sondern nur 199,7, und der Branntwein hat nicht 75, sondern 75,1 Volumenprozente wahre Stärke.

Will man jetzt die wirklichen Verhältnisse kennen lernen, wie sie beim Mischen nach den Raumgehalten auftreten, so muß man auf die Gewichte zurückgreifen. Beim Zusammengießen nach Gewichten spielt die Zusammenziehung keine Rolle, denn 1 kg Flüssigkeit bleibt unter allen Umständen ein Kilogramm, mag dieselbe den Raum von 1 l oder von 2 l einnehmen. 100 kg reiner Alkohol gemischt mit 100 kg Wasser machen zusammen 200 kg Branntwein von 50 Gewichtsprozenten wahrer Alkoholstärke, oder allgemein: Bezeichnet man mit G_A das

Gewicht des reinen Alkohols, mit G_W das Gewicht des Wassers und mit G_m das Gewicht der Mischung, so ist:

$$1) \quad \ldots \ldots \quad G_m = G_A + G_W.$$

Bezeichnet man ferner das Volumen, den Raumgehalt des reinen Alkohols mit A, seine Dichte (spezifisches Gewicht) mit s_A, Raumgehalt und Dichte des Wassers mit W und s_W, endlich Raumgehalt und Dichte der Mischung mit M und s_m, so erhält man, da nach einem physikalischen Grundgesetz das Volumen multiplizirt mit der Dichte gleich dem Gewicht ist, also z. B. $G_W = Ws_W$, für obige Gleichung 1

$$2) \quad \ldots \ldots \quad Ms_m = As_A + Ws_W.$$

Setzt man noch der Einfachheit wegen M = 100 l und bedenkt, daß die Dichte des reinen Alkohols = 0,79391, die des Wassers gleich 1 ist, so erhält man:

$$3) \quad \ldots \ldots \quad 100s_m = 0{,}79391\,A + W.$$

A, die Menge des reinen Alkohols, ist aber auch gleichzeitig, sobald M die Menge des Branntweins, gleich 100 l ist, gleich der wahren Stärke in Volumenprozenten = v. Hiernach erhält man die Wassermenge, welche man zu jeder beliebigen Litermenge reinen Alkohols hinzugießen muß, um 100 l eines Branntweins von der wahren Stärke v, (welche gleich der Litermenge reinen Branntweins in der Mischung ist), aus der Gleichung:

$$4) \quad \ldots \ldots \quad W = 100s_m - 0{,}79391\,v.$$

Will man z. B. durch Mischen von reinem Alkohol und Wasser 100 l Branntwein von 50 Volumenprozenten erhalten, so ist W = 93,4445 — 39,6955 = 53,7490, d. h. man muß zu 50 l reinen Alkohols 53,7490 l Wasser hinzugießen. Diese Berechnung ist in Tafel 1 bereits durchgeführt. Die Tafel giebt nach Zehntelprozenten der wahren Stärke fortschreitend für jedes ganze Prozent und Zehntelprozent derselben die Litermenge Wasser, welche in 100 l Mischung vorhanden sind; sie umfaßt drei Seiten. In der ersten Längsspalte stehen die ganzen Liter reiner Alkohol, oder was dasselbe ist, der wahre Prozentgehalt der Mischung, in der ersten Querzeile stehen die zugehörigen Zehntelprozente. Da wo eine Spalte und eine Zeile sich kreuzen, findet man, wieviel Liter Wasser man zu den ganzen Litern reinen Alkohols in der ersten Spalte und den Zehntellitern in der ersten Zeile hinzufügen muß, um 100 l Branntwein von der wahren Stärke, welche gleich der Litermenge reinen Alkohols ist, zu erhalten. Will man z. B. wissen, wieviel Liter Wasser in 100 l Branntwein von 50,7 Prozent enthalten sind, so sucht man in der ersten Längsspalte die Zahl 50, geht dann in derjenigen Querzeile, an deren Anfang die Zahl 50 steht, bis zu der Längsspalte vorwärts, über welcher in der ersten Querzeile 7 steht und findet an der Kreuzungsstelle die Zahl 53,06, d. h. in 190 l Branntwein von 50,7 Volumenprozenten sind neben 50,7 l reinen Alkohols noch 53,06 l Wasser enthalten.

Mit Hülfe dieser Tafel 1 lassen sich alle Aufgaben, welche beim Vermischen von Spiritus und Wasser vorkommen können, wenn auch nicht immer in ganz einfacher Weise, lösen.

I,1. Das Mischen von reinem Alkohol mit Wasser.

Am leichtesten und übersichtlichsten gestalten sich natürlich die Ver=hältnisse, wenn nur reiner Alkohol mit Wasser verdünnt werden soll. Es sind dabei drei von einander verschiedene Fälle zu unterscheiden:

1. Gegeben die Litermenge und die wahre Stärke des herzu=stellenden Branntweins, gefragt die Litermenge Alkohol und die Liter=menge Wasser, welche zu der Herstellung nöthig sind, oder anders aus=gedrückt, eine bestimmte Litermenge Branntweins von verlangter Stärke soll durch Mischen von reinem Alkohol und Wasser hergestellt werden, wieviel muß von jeder dieser beiden Flüssigkeiten genommen werden?

2. Gegeben die Litermenge reinen Alkohols und die wahre Stärke des Branntweins, gefragt die zuzugießende Litermenge Wasser und die Litermenge des entstehenden Branntweins, oder aus einer bestimmten Litermenge reinen Alkohols soll durch Zugießen von Wasser ein Branntwein von verlangter Stärke hergestellt werden, wieviel Liter Wasser muß man nehmen und wieviel Liter Branntwein erhält man?

3. Gegeben die Litermenge reinen Alkohols und die Litermenge Wasser, gefragt die wahre Stärke und die Litermenge des entstehenden Branntweins, oder wenn man zu einer bestimmten Litermenge reinen Alkohols eine bestimmte Litermenge Wasser zugießt, wieviel Liter Branntwein erhält man, und welche Stärke hat das fertige Produkt?

Bei der Beantwortung dieser, sowie aller noch fernerhin zu stellenden Fragen, wird immer in der Weise vorgegangen werden, daß zunächst die Auflösung unmittelbar aus den Formeln und Gleichun=gen gegeben wird. Um aber auch denjenigen von den Lesern, die nicht ge=wohnt sind, mit Formeln und Gleichungen umzugehen und zu rechnen, und das wird wohl die Mehrzahl sein, das vorliegende Buch und seine Regeln nutzbar zu machen, wird, wo dies nur irgend angängig ist, in einem unmittelbar folgenden Beispiel die Lösung noch einmal in Worten ohne Zurückgreifen auf die Formeln gegeben, damit sowohl der Theoretiker wie der Praktiker ihre Befriedigung finden.

Für den ersten Fall ist die Auflösung dargestellt durch die Gleichung 4. Dieselbe giebt an, wieviel Liter Wasser in 100 l Branntwein enthalten sind. Sollen M Liter Branntwein von der Stärke v hergestellt werden, so wird man $\frac{M}{100}$ mal so viel Liter Wasser nehmen müssen, es ist also

$$5) \quad \ldots \ldots \quad W = \frac{M}{100}(100\,s_m - 0{,}79391\,v),$$

ferner bedeutet v, die wahre Stärke des Branntweins, daß in 100 l Branntwein v Liter reiner Alkohol enthalten sind, demnach sind in M Litern Branntwein $\frac{Mv}{100}$ Liter reiner Alkohol enthalten.

1. Beispiel. Ein Branntweinbrenner soll ein Faß von 680 l Inhalt 85,6 prozentigen Spiritus liefern, da er nur reinen Alkohol hat, so muß er sich diesen Spiritus durch Zugießen von Wasser zurecht machen. Wieviel reinen Alkohol und wieviel Wasser hat er hierbei zu nehmen?

A. Es ist M = 680 l, v = 85,6,

$$\text{also } W = \frac{680}{100}(100\,s_m - 0{,}79391\,.\,85{,}6) \text{ und } A = 680\,.\,\frac{85{,}6}{100},$$

s_m ist allerdings unbekannt, aber den Werth der Klammer findet man in Tafel 1, wo man unter 85,6 die Zahl 16,82 findet, also $W = \frac{680}{100} \cdot 16{,}82 = 114{,}376$ l, A = 582,08 l.

B. In der Tafel 1 findet man zu jeder Stärke die Litermenge Wasser, welche in 100 l Branntwein enthalten sind. Geht man auf Seite 65 die erste Spalte hinunter bis zu der Zeile, an deren Anfang 85 steht und verfolgt diese Zeile bis zu der Spalte, über welcher 6 steht, so findet man an der Kreuzungsstelle die Zahl 16,82. In 100 l Branntwein von 85,6 Prozent wahrer Stärke sind also 16,82 l Wasser enthalten. Dann sind in 1 l $\frac{16{,}82}{100}$ l und in 680 l $\frac{680 \times 16{,}82}{100} = 114{,}4$ l Wasser. Ferner sind in 100 l 85,6 prozentigen Branntwein 85,6 l reiner Alkohol, also in 1 l $\frac{85{,}6}{100}$ l und in 680 l $\frac{680 \times 85{,}6}{100} = 582{,}1$ l. Der Brenner muß also zu 582,1 l reinen Alkohols 114,4 l Wasser hinzugießen, wenn er 680 l 85,6 prozentigen Branntwein erhalten will. Da 582,1 + 114,4 = 696,5 l ausmacht, so beträgt die Zusammenziehung der Flüssigkeit bei der Mischung 696,5 — 680 = 16,5 l.

Im zweiten Falle sind bekannt, die wahre Stärke der Mischung v und die Litermenge reinen Alkohols A. Es sind v Liter reiner Alkohol in 100 l Branntwein, also A Liter in $\dfrac{100 \cdot A}{v}$, also M, die Litermenge Branntwein $= \dfrac{100 \cdot A}{v}$ und die Litermenge Wasser wieder gleich

$$W = \frac{M}{100} \,(100\,s_m - 0{,}79391\,v).$$

2. Beispiel. Ein Spiritushändler hat gerade noch ein halbes Faß, 320 l reinen Alkohols, er will daraus durch Zugießen von Wasser 75,4 prozentigen Branntwein herstellen. Wieviel Wasser muß er nehmen und wieviel Branntwein erhält er?

A. Es ist A = 320, v = 75,4, also $M = \dfrac{100 \cdot 320}{75{,}4} = 424{,}4$ l.

Der Werth der Klammer ist nach Tafel 1 = 27,77, also $W = \dfrac{424{,}4}{100} \cdot 27{,}77 = 117{,}9$ l.

B. Wenn ein Branntwein eine wahre Stärke von 75,4 Prozent hat, so heißt das, 75,4 l reiner Alkohol sind in 100 l desselben, dann muß also 1 l reiner Alkohol enthalten sein in $\dfrac{100}{75{,}4}$ l Branntwein und 320 l in $\dfrac{100 \times 320}{75{,}4} = 424{,}4$ l Branntwein. Man muß demnach zu den 320 l reinen Alkohols, wenn man 75,4 prozentigen Branntwein erhalten will, so lange Wasser zugießen, bis man 424,4 l hat. Das sind aber nicht etwa 424,4 — 320 = 104,4 l Wasser, sondern mehr, weil die Flüssigkeit sich beim Mischen zusammenzieht. Die Litermenge Wasser erhält man wieder aus Tafel 1. Dort findet man an der Kreuzungsstelle der Zeile, an deren Anfang die Zahl 75, und der Spalte, über welcher die Zahl 4 steht, die Angabe 27,77. In 100 l 75,4 prozentigen Branntwein sind also 27,77 l Wasser. Dann wäre in 1 l $\dfrac{27{,}77}{100}$ l Wasser, und in 424,4 l $\dfrac{27{,}77 \times 424{,}4}{100} = 117{,}9$ l Wasser. Wenn man also 320 l reinen Alkohol durch Zugießen von Wasser in 75,4 prozentigen Branntwein umwandeln will, so muß man 117,9 l Wasser nehmen und erhält dann 424,4 l Branntwein. Da 320 + 117,9 = 437,9 l ergeben, so beträgt die Zusammenziehung 437,9 — 424,4 = 13,5 l.

Der dritte Fall ist der schwierigste und unangenehmste, er läßt sich in einfacher Weise überhaupt nicht lösen, man muß zu einem Annäherungsverfahren seine Zuflucht nehmen und die wahre Stärke der Mischung durch Interpolation aus Tafel 1 ermitteln. Hat man die wahre Stärke, so ist auch die Berechnung der Litermenge des Produktes nicht schwer. Zur Herleitung der wahren Stärke kommt man durch folgende Ueberlegung: Bezeichnet man die Litermenge des reinen Alkohols in dem herzustellenden Branntwein mit A, die Wassermenge mit W, die wahre Stärke der Mischung, d. h. die Liter reinen Alkohols in 100 l Branntwein mit v, die Litermenge Wasser in 100 l Branntwein mit w, so muß in jedem Falle sich verhalten A zu W wie v zu w, natürlich, denn das Verhältniß des Alkohols zum Wasser ist bei gleichem Prozentgehalt immer das nämliche, ob man 100 l oder x Liter Branntwein hat, es ist also

$$6) \quad \ldots \quad \ldots \quad \frac{A}{W} = \frac{v}{w}.$$

Nun sind die A und W gegebene Größen, man kennt also auch $\frac{A}{W}$; ferner findet man in der Tafel 1 für jedes Zehntelprozent die v und w, bildet man sich daher für jedes Zehntelprozent den Bruch $\frac{v}{w}$, so wird man umgekehrt aus der Größe von $\frac{v}{w}$ einen Schluß auf den Prozentgehalt der Mischung machen können, da eben $\frac{v}{w}$ für jeden Prozentgehalt ein anderes ist. Damit man aber nicht vollkommen im Dunkeln herumtappt und unnütz viele $\frac{v}{w}$ bildet, berechnet man sich zunächst für v einen Näherungswerth. Angenommen es gäbe keine Kontraktion, beim Mischen des Alkohols mit dem Wasser träte keine Zusammenziehung ein, so wäre die Litermenge des Branntweins, die mit M (Mischung) bezeichnet werde, gleich der Summe der Raumgehalte ihrer Bestandtheile, also

$$M = A + W$$

und die wahre Stärke der Mischung

$$v = \frac{A \cdot 100}{M}.$$

Das gefundene M ist zu groß, also v zu klein; bildet man jetzt $\frac{v}{w}$, so ist auch dieses zu klein, — wenn man denselben Werth aber auch für die umschließenden Prozente bildet, so wird man für das vorliegende Produkt $\frac{v}{w}$ leicht den Prozentgehalt interpoliren können.

3. Beispiel. Ein Destillateur gießt zu 45 l reinen Alkohols 80 l Wasser. Wieviel Branntwein erhält er dann und welche Stärke hat das Produkt?

A. Es ist $A = 45$ l, $W = 80$ l, also $M = 45 + 80 = 125$ l,

$$v = \frac{45 \cdot 100}{125} = 36 \text{ Prozent und } \frac{A}{W} = \frac{45}{80} = 0{,}563.$$

$\frac{v}{w}$ für 36 Prozent $= 0{,}536$, für 37 Prozent $= 0{,}558$. Dieser Werth bleibt noch unter 0,563, man bildet also auch noch den Werth für 38 Prozent $= 0{,}582$. Es entsteht also die Frage:

$$\text{für 37 Prozent } \frac{v}{w} = 0{,}558,$$
$$\text{„ ? „ „} = 0{,}563,$$
$$\text{„ 38 „ „} = 0{,}582.$$

Hieraus ersieht man, daß $\frac{v}{w}$ für ein ganzes Prozent sich um $0{,}582 - 0{,}558$, also um 0,024 ändert, dann ändert es sich um 0,001 für $\frac{1}{0{,}024}$ und um

$$0{,}005 \text{ für } \frac{1 \cdot 0{,}005}{0{,}024} = 0{,}208 \text{ Prozent},$$ der wahre Prozentgehalt der Mischung ist also $37 + 0{,}208 = 37{,}208$ Prozent. Kennt man v, so ist M wie in dem zweiten Beispiel gegeben durch $M = \dfrac{A \cdot 100}{v} = \dfrac{45 \cdot 100}{37{,}208} = 120{,}94$ l.

Für den Praktiker ist natürlich diese Auflösung so gut wie gar keine, denn wenn sie auch theoretisch richtig ist und ganz genaue Resultate liefert, so ist sie doch für ihn bedeutungslos, weil er sich nicht auf komplizirtere und immerhin nicht ohne weiteres zu durchschauende Rechenoperationen einlassen will und kann. Für den Praktiker kommt es mehr auf Schnelligkeit als auf vollkommenste Genauigkeit an. Diesen Zwecken der Praxis kommt Tafel 2 entgegen. Sie dient zur Ermittelung des Prozentgehalts eines Branntweins aus dem Zusammenziehungsfaktor. Als Zusammenziehungsfaktor ist hier das Verhältniß des reinen Alkohols zum Wasser in einem Branntwein bezeichnet, das heißt, es ist von 4 Prozent bis 100 Prozent für jedes Zehntelprozent der Werth $\frac{v}{w}$ bereits berechnet. Die Tafel 2 umfaßt 4 Seiten. Auf jeder Seite stehen 6 Doppelspalten. Je 2 Spalten gehören zusammen, in der ersten steht der Zusammenziehungsfaktor, während rechts daneben der zugehörige Prozentgehalt zu finden ist. Die Tafel schreitet fort nach Zehntelprozenten der wahren Stärke. Sie wird in der Weise benutzt, daß man sich zunächst $\frac{A}{W}$, das Verhältniß des Wassers zum Alkohol bildet, dann in der Tafel diesen gefundenen Zusammenziehungs-

faktor auffucht und den rechts daneben ftehenden Prozentgehalt ent=
nimmt. Um zum vorigen Beifpiel zurückzukehren. — Daffelbe hieß:

3. Beifpiel. Ein Deftillateur gießt zu 45 l reinen Alkohols 80 l
Waffer. Wieviel Branntwein erhält er dann und welche Stärke hat das
Produkt?

B. Man dividirt die Litermenge reinen Alkohols (45) durch die
Litermenge Waffer (80), alfo $\frac{45}{80} = 0{,}563$ und erhält fo den Zufammen=
ziehungsfaktor. Mit diefem geht man in Tafel 2 und findet auf
Seite 67 in Spalte 3 neben der Zahl 0,563 den Prozentgehalt 37,2.
Durch Mifchung von 45 l reinen Alkohols mit 80 l Waffer entfteht
alfo ein Branntwein von 37,2 Prozent wahrer Stärke. Es find daher
37,2 l reiner Alkohol in 100 l Branntwein, dann ift 1 l in $\frac{100}{37{,}2}$ l und
die 45 l in $\frac{100 \times 45}{37{,}2} = 121$ l Branntwein. Der Deftillateur erhält alfo
121 l 37,2 prozentigen Branntwein. Da nun $45 + 80 = 125$ l, fo be=
trägt die Zufammenziehung $125 - 121 = 4$ l.

I,2. Das Mifchen von Branntwein mit Waffer.

Die vorftehenden Beifpiele haben im Grunde genommen nur rein
theoretifches Intereffe, da in der Praxis reiner Alkohol wohl niemals
zur Verwendung kommt. Der wafferfreie Alkohol ift ein äußerft
fchwierig herzuftellender und daher auch äußerft koftbarer Stoff.
Während fich im allgemeinen die Werthfchätzung und Preisfestfetzung
für Branntweine nach dem Gehalt an reinem Alkohol richtet, fo daß
z. B. 100 l eines 70 prozentigen Spiritus doppelt fo viel koften, wie
100 l eines 35 prozentigen, gilt dies doch für die höchften Stärken nicht
mehr, weil bei diefen die Bereitung des Sprits faft mit jedem Zehntel=
prozent immer größere Erfchwerniffe bietet, da der Alkohol die letzten
Wafferbeimifchungen mit großer Zähigkeit fefthält. In der Praxis findet
meift ein Feinfprit von 95 Prozent Verwerthung, doch wird auch
fchwächerer Spiritus nicht felten benutzt. Trotzdem find obige Beifpiele
auch für den Praktiker nicht belanglos, da bei ihnen alle Verhältniffe
einfacher liegen, alle Berechnungen leichter durchzuführen find. Sie
werden daher zum Verftändniß der folgenden komplizirteren Aufgaben
wefentlich beitragen.

Beim Mifchen von Sprit oder Branntwein mit Waffer find
wiederum drei Fälle zu unterfcheiden.

1. Gegeben die Litermenge und die wahre Stärke des benutzten
Branntweins, und die wahre Stärke der Mifchung, gefragt die Liter=

menge Wasser, welche zur Herstellung der Mischung nöthig ist und die Litermenge, welche man von der Mischung erhält. Oder, eine bestimmte Litermenge Branntwein von einem bestimmten Prozentgehalt soll durch Zusatz von Wasser auf einen verlangten Prozentgehalt verdünnt werden. Wieviel Liter Wasser muß man zusetzen und wieviel Liter von dem niedriger prozentigen Branntwein erhält man?

2. Gegeben die Litermenge und die wahre Stärke der Mischung und die wahre Stärke des benutzten Branntweins, gefragt die Litermenge Wasser und die Litermenge des hochprozentigen Branntweins, die zur Verwendung kommen müssen. Oder, aus einem hochprozentigen Branntwein von einer gewissen Stärke soll eine bestimmte Litermenge eines schwächeren Branntweins von verlangter Stärke durch Wasserzusatz hergestellt werden. Wieviel Liter Wasser und wieviel Liter hochprozentigen Branntwein muß man nehmen?

3. Gegeben die Litermenge und die wahre Stärke des hochprozentigen Branntweins und die Litermenge des zugegossenen Wassers, gefragt die Litermenge und die wahre Stärke der Mischung. Oder, wenn man zu einer bestimmten Litermenge hochprozentigen Branntweins von einer gewissen Stärke eine bestimmte Litermenge Wasser zugießt, welche Stärke wird das Produkt haben und wieviel Liter erhält man davon?

Für den ersten Fall hat man Folgendes zu überlegen. Bezeichnet man mit B die Litermenge des zur Verfügung stehenden hochprozentigen Branntweins und mit v_B seine wahre Stärke, ferner mit M die Litermenge, welche man von der Mischung erhält und mit v_m deren wahre Stärke, so kommt man ohne weiteres zu der Gleichung:

$$7) \quad \ldots \ldots \quad M\,\frac{v_m}{100} = B\,\frac{v_B}{100}.$$

$M\,\dfrac{v_m}{100}$ ist die Alkoholmenge, welche in der Mischung vorhanden ist und $B\,\dfrac{v_B}{100}$ die Alkoholmenge, welche in dem Sprit enthalten ist. Beide müssen gleich sein, denn zu dem Sprit soll nur Wasser zugegossen sein und kein Alkohol, in der Mischung muß sich also genau die gleiche Litermenge reiner Alkohol wieder vorfinden, die schon in dem Branntwein vorhanden war, nicht mehr und nicht weniger. Man kann die Gleichung 7 aber auch anders schreiben, nämlich

$$8) \quad \ldots \ldots \quad M = \frac{B \cdot v_B}{v_m},$$

dann giebt die Gleichung 8 die Litermenge Branntwein, welche man aus dem hochprozentigen Sprit durch Zugießen von Wasser erhält. Die zugegoffene Waffermenge findet man wiederum durch Tafel 1 mit Hülfe der folgenden Gleichung. Bezeichnet man mit W die zugegoffene Waffermenge, mit w_B die Waffermenge, welche in 100 l des hochprozentigen Branntweins enthalten sind, mit w_m entsprechend die Volumenprozente Waffer in der Mifchung, fo wird:

$$9) \quad \ldots \ldots \quad M \frac{w_m}{100} = B \frac{w_B}{100} + W.$$

Das heißt die Waffermenge in der Mifchung ift gleich der urfprünglichen Waffermenge im Sprit vermehrt um die zugegoffene Waffermenge W. Daraus ergiebt fich:

$$10) \quad \ldots \ldots \quad W = M \frac{w_m}{100} - B \frac{w_B}{100},$$

worin die w aus der Tafel 1 zu entnehmen find.

4. Beifpiel: Ein Deftillateur hat 75 l Sprit von 95 Prozent zur Verfügung, er will daraus 36 prozentigen Branntwein herftellen, wieviel Waffer muß er zugießen und wieviel Liter des 36 prozentigen Branntweins erhält er?

A. Es ift B = 75 l, $v_B = 95$, $v_m = 36$, alfo $M = \dfrac{75 \cdot 95}{36} = 198$ l

und $W = 198 \cdot \dfrac{67,19}{100} - 75 \cdot \dfrac{6,19}{100} = 133,0 - 4,6 = 128,4$ l, worin die w aus Tafel 1 entnommen find.

B. Wenn der zu benutzende Sprit 95 prozentig ift, fo hat er in 100 l 95 l reinen Alkohol, alfo in 1 l $\dfrac{95}{100}$ l und in 75 l $\dfrac{95 \times 75}{100}$ = 71,25 l reinen Alkohol. Nun foll der Branntwein 36 prozentig werden, d. h. er hat 36 l reinen Alkohols in 100 l Branntwein, alfo 1 l reinen Alkohols in $\dfrac{100}{36}$ l und die 71,25 l in $\dfrac{71,25 \times 100}{36} = 198$ l. Man erhält die Litermenge der Mifchung demnach, indem man die Litermenge des hochprozentigen Branntweins mit feinem Prozentgehalt multiplizirt und durch den Prozentgehalt des fchwächeren Branntweins dividirt, im vorliegenden Falle $\dfrac{95 \times 75}{36} = 198$ l. Ferner erfieht man aus Tafel 1, daß in 100 l 36 prozentigen Branntwein 67,19 l Waffer find, in den 198 l find alfo $\dfrac{67,19 \times 198}{100} = 133,0$ l. Da nun in 75 l 95 prozentigen Sprits nach Tafel 1 $\dfrac{6,19 \times 75}{100} = 46$ l Waffer find, fo find 133,0 - 4,6 = 128,4 l Waffer hinzugekommen. Wenn daher ein Deftil-

lateur aus 75 l Sprit von 95 Prozent 36 prozentigen Branntwein her=
stellen will, so muß er 128,4 l Wasser hinzugießen und erhält alsdann
198 l. Die Kontraktion beträgt $128,4 + 75 - 198 = 5,4$ l.

Wenngleich die Rechnung einfach und leicht verständlich ist, so ist
sie andrerseits dennoch umständlich und zeitraubend, der Zweck des vor=
liegenden Buches ist es aber gerade überall für den Praktiker die
Rechen= und Kopfarbeit auf das denkbar geringste Maaß herunter zu
drücken. Für alle Aufgaben, welche sich auf das Mischen von Spiritus
und Wasser beziehen, wird dies erreicht durch die Tafeln 3 und 4.
Tafel 3 umfaßt 10 Seiten und giebt an, wieviel Liter eines niedriger
prozentigen Branntweins man erhält, wenn man zu 100 l eines höher
prozentigen Branntweins Wasser hinzugießt. In der ersten Querzeile
findet man die wahren Stärken des Branntweins, welcher verdünnt
werden soll, anfangend von 95 Prozent und nach ganzen Prozenten
fortschreitend bis zu 16 Prozent. In der ersten Längsspalte steht der
Prozentgehalt, auf welchen ein Branntwein der oben stehenden Stärke
verdünnt werden soll. Da wo eine Spalte und eine Zeile sich kreuzen,
entnimmt man die Litermenge, welche aus 100 l Branntwein der
darüberstehenden Stärke entstehen, wenn man ihn auf den nebenstehenden
Prozentgehalt verdünnt.

Tafel 4 ist genau so eingerichtet wie Tafel 3, nur entnimmt man aus
Tafel 4 die Litermenge Wasser, welche zu 100 l Branntwein der oben=
stehenden Stärke hinzugegossen werden müssen, wenn ein Branntwein
des nebenstehenden Prozentgehalts entstehen soll.

Ueber die Art der Berechnung der beiden Tafeln sei Folgendes
bemerkt. Setzt man in die Gleichung 9 den Werth von M aus Gleichung 8
ein, so erhält man

$$B \frac{v_B}{v_m} \cdot \frac{w_m}{100} = B \frac{w_B}{100} + W,$$

oder auch

$$W = B \frac{v_B}{100} \left(\frac{w_m}{v_m} - \frac{w_B}{v_B} \right).$$

Hätte man nur 100 l Branntwein zu verdünnen, so ist $B = 100$ und W
giebt die Wassermenge an, welche man zu 100 l Branntwein zusetzen
muß, um ihn abzuschwächen, es ist

$$10\,a) \quad \ldots \quad W = v_B \left(\frac{w_m}{v_m} - \frac{w_B}{v_B} \right).$$

Diese W sind die Werthe der Tafel 4.

Setzt man auch in der 8. Gleichung $B = 100$, so erhält man die
Werthe der Tafel 3, es ist

$$8a) \quad \ldots \ldots \ldots \quad M = \frac{v_B}{v_m}.$$

Die Anwendungsart der Tafeln kann gleich an dem Beispiel 4 gezeigt werden, dasselbe hieß:

4. Beispiel. Ein Destillateur hat 75 l Sprit von 95 Prozent zur Verfügung, er will daraus 36 prozentigen Branntwein herstellen, wieviel Wasser muß er zugießen und wieviel Liter des 36 prozentigen Branntweins erhält er?

C. Die Antwort auf die erste Frage giebt die Tafel 4. Man sucht in der ersten Querzeile die wahre Stärke 95 Prozent auf und geht nun in der Längsspalte, über welcher 95 steht, soweit hinunter, bis man zu der Querzeile kommt, an deren Anfang man die Zahl 36 sieht und findet an der Kreuzungsstelle die Zahl 171,2. Zu 100 l eines Sprits von 95 Prozent müssen demnach 171,2 l Wasser hinzugegossen werden, wenn eine Verdünnung auf 36 Prozent eintreten soll; zu 75 l Sprit muß man also $\frac{171,2 \times 75}{100} = 128,4$ l Wasser beimischen, um das gleiche Resultat zu erreichen.

Die zweite Frage wird beantwortet durch Tafel 3. Man sucht wieder in der ersten Querzeile die wahre Stärke 95 Prozent und geht in der Längsspalte, über welcher 95 steht, soweit hinunter, bis man zu der Querzeile kommt, an deren Anfang man die Zahl 36 sieht und findet an der Kreuzungsstelle die Zahl 263,9. Aus 100 l eines Sprits von 95 Prozent entstehen durch Verdünnung mit Wasser also 263,9 l Branntwein von 36 Prozent, aus 75 l demnach $\frac{263,9 \times 75}{100} = 197,9$ l. Das Resultat ist das nämliche, wie vorhin.

Für den zweiten Fall ist die Lösung ebenfalls durch die Gleichung 7 gegeben, man hat dieselbe nur anstatt nach M hier nach B aufzulösen, man erhält dann:

$$11) \quad \ldots \ldots \ldots \quad B = M \frac{v_m}{v_B}.$$

Die zuzugießende Litermenge Wasser ergiebt sich wie vorher aus der Gleichung 10.

5. Beispiel. Ein Schankwirth will sich 93 l eines 35 prozentigen Trinkbranntweins herstellen, er will hierbei 75 prozentigen Spiritus verwenden, wieviel Liter muß er von diesem nehmen und wieviel Liter Wasser muß er zugießen?

A. Es ist $M = 93$ l, $v_m = 35$, $v_B = 75$, also $B = 93 \cdot \frac{35}{75} = 43,4$ l und $W = 93 \frac{68,12}{100} - 43,4 \frac{28,20}{100} = 63,35 - 12,24 = 51,1$ l Wasser, worin die w aus Tafel 1 entnommen sind.

B. Wenn die gewünschte Mischung 35 Volumenprozente haben soll, so hat sie in 100 l Branntwein 35 l reinen Alkohol, in 1 l also $\frac{35}{100}$ l und in 93 l $\frac{93 \times 35}{100} = 32,55$ l reinen Alkohol. Nun hat der zu benutzende 75 prozentige Branntwein 75 l reinen Alkohol in 100 l, also hat er 1 l reinen Alkohol in $\frac{100}{75}$ l und die verlangten 32,55 l reinen Alkohol in $\frac{100 \cdot 32,55}{75} = 43,4$ l. Es müssen also zur Herstellung von 93 l 35 prozentigen Branntweins 43,4 l 75 prozentiger Branntwein zur Verwendung kommen. Nach Tafel 1 sind in 100 l 35 prozentigen Branntwein 68,12 l Wasser, dann sind also in 93 l $\frac{68,12 \times 93}{100} = 63,35$ l, ferner in 100 l 75 prozentigen Branntwein 28,20 l Wasser, also in 43,4 l $\frac{28,20 \times 43,4}{100} = 12,24$ l Wasser. Wenn daher in dem benutzten Branntwein nur 12,24 l Wasser sind, während in der Mischung 63,35 l sind, so muß man noch $63,35 - 12,24 = 51,1$ l Wasser zu den 43,4 l Branntwein hinzugießen. Man erhält 93 l eines 35 prozentigen Branntweins, wenn man 43,4 l 75 prozentigen Branntwein mit 51,1 l Wasser mischt.

C. Nach Tafel 3 entstehen aus 100 l 75 prozentigen Branntwein durch Verdünnung mit Wasser 214,3 l 35 prozentiger Branntwein, oder umgekehrt 214,3 l 35 prozentiger Branntwein entstehen aus 100 l 75 prozentigen Branntwein, dann entsteht also 1 l aus $\frac{100}{214,3}$ l oder die verlangten 93 l 35 prozentigen Branntweins entstehen aus $\frac{100 \times 93}{214,3} = 43,4$ l. Nach Tafel 4 muß man zu 100 l eines 75 prozentigen Branntweins 117,8 l Wasser zugießen, wenn man eine Verdünnung auf 35 Prozent erzielen will; also muß man zu 43,4 l $\frac{117,8 \times 43,4}{100} = 51,1$ l Wasser hinzugießen, wie oben.

Da $43,4 + 51,1 = 94,5$ l, so beträgt die Zusammenziehung $94,5 - 93 = 1,5$ l.

Die Auflösung des dritten Falles ist durch die Gleichungen 7 und 9 gegeben, indessen bereitet sie genau dieselben Schwierigkeiten, wie sie auch bereits beim Mischen von reinem Alkohol und Wasser dann auftraten, wenn zu gleicher Zeit nach dem Prozentgehalt und der Litermenge der Mischung gefragt wurde. Eine unmittelbare

Lösung durch die beiden Gleichungen ist nicht möglich, sondern man muß sich an dem schon gekennzeichneten Interpolationsverfahren genügen lassen. Zur Auffindung des Prozentgehalts sucht man wiederum erst das Verhältniß des Wassers zum Alkohol in der Mischung und ermittelt darauf, bei welcher Prozentstärke dieses Verhältniß stattfindet. Man kann dann entweder den Prozentgehalt unmittelbar aus Tafel 2 entnehmen, oder denselben nach dem auf Seite 17 gegebenen Näherungsverfahren aus Tafel 1 berechnen. Hier wird nur die erste Lösung Platz finden.

Dividirt man die Gleichung 7 durch die Gleichung 9, so erhält man nach leichter Umformung:

$$12) \quad \ldots \ldots \quad \frac{v_m}{w_m} = \frac{v_B}{w_B + \dfrac{W \cdot 100}{B}}.$$

6. Beispiel. Ein Spiritushändler füllt in ein Faß, dessen Inhalt er nicht genau kennt, 193 l 85 prozentigen Spiritus. Das Faß wird nur etwa $^3/_4$ voll und um es ganz zu füllen, muß er noch 48 l Wasser nachgießen. Er will nun für den Verkaufsfall wissen, wieviel Liter Spiritus jetzt in dem Fasse enthalten sind und wie hoch der Prozentgehalt seines Spiritusses ist.

A. $B = 193$, $v_B = 85$, $w_B = 17{,}48$ $W = 48$,

$$\text{also } \frac{v_m}{w_m} = \frac{85}{17{,}48 + \dfrac{48 \cdot 100}{193}} = 2{,}007.$$

Mit diesem Werthe geht man in die Tafel 2 ein. Die Zahl 2,007 selbst steht nicht unmittelbar da, in einem solchen Falle nimmt man entweder den Prozentgehalt für die nächstliegende Zahl, das wäre hier 69,1 für 2,010, oder man macht die folgende Ueberlegung:

Zu 2,001 gehört der Prozentgehalt 69,0,
    „ 2,007   „   „   „   ? ,
    „ 2,010   „   „   „   69,1.

Wenn sich der Zusammenziehungsfaktor um 9, (2,010—2,001), ändert, so erhöht sich der Prozentgehalt um 0,1 Prozent, also erhöht er sich für 6, (2,007—2,001), um $\dfrac{1 \times 6}{9} = 0{,}067$ Prozent, also gehört zu dem Zusammenziehungsfaktor 2,007 der Prozentgehalt $69{,}0 + 0{,}067 = 69{,}067$.

Für die Praxis wird man diese Interpolation kaum nöthig haben, sondern sich überall mit einer Genauigkeit von 0,1 Prozent begnügen können.

Die Litermenge der Mischung ergiebt die Gleichung 8,

$$M = \frac{193 \cdot 85}{69,067} = 237,5 \text{ l.}$$

B. Die Litermengen reinen Alkohols und Wassers müssen in der Literzahl der Mischung in genau demselben Verhältniß stehen, wie in 100 l. Da aus Tafel 2 für das Verhältniß, in welchem in 100 l Branntwein Wasser und reiner Alkohol zu einander stehen, für den sogenannten Zusammenziehungsfaktor, der Prozentgehalt zu entnehmen ist, so braucht man nur die Menge reinen Alkohols in der Mischung durch die Menge Wasser in derselben zu dividiren, um die Alkoholstärke der Mischung zu bekommen. Nun sind in der Mischung $\frac{193 \times 85}{100}$ = 164,1 l reiner Alkohol, nämlich genau so viel, wie in den gegebenen 193 l 85 prozentigen Spiritus, da ja weiter kein Alkohol zugegossen ist. Ferner ist die Litermenge Wasser in der Mischung $= \frac{193 \times 17,48}{100} + 48$ = 33,74 + 48 = 81,74 l.

Denn in 100 l eines 85 prozentigen Branntweins sind nach Tafel 1 enthalten 17,48 l Wasser, also in den 193 l Branntwein $\frac{193 \times 17,48}{100}$ = 33,74 l. Hierzu treten noch die 48 l, die zugegossen sind, macht zusammen 81,74 l Wasser. Demnach ist das Verhältniß des Alkohols zum Wasser in der Mischung, ihr Zusammenziehungsfaktor $= \frac{164,1}{81,74} = 2,007$. Mit diesem Zusammenziehungsfaktor geht man in Tafel 2 ein. Er steht nicht unmittelbar darin, dann nimmt man in jedem Falle den Prozentgehalt, welcher zu dem nächstliegenden Faktor gehört, das ist 69,1 Prozent zu 2,010. Die Mischung hat also 69,1 Prozent. Nun sind in 100 l eines Branntweins von 69,1 Prozent nach Tafel 1 genau 34,37 l Wasser, also ist 1 l Wasser in $\frac{100}{34,37}$ l und obige 81,74 l in

$$\frac{100 \times 81,74}{34,37} = 237,8 \text{ l.}$$

C. Dieselbe Aufgabe läßt sich auch noch mit Hülfe der Tafeln 3 und 4 lösen, allerdings nicht ohne einige leichte Interpolationen. Wenn man zu den 193 l 85 prozentigen Branntweins 48 l Wasser zusetzt, so kommen auf 100 l Branntwein $\frac{48 \times 100}{193} = 24,87$ l Wasser. In Tafel 4 findet man nun, daß der Prozentgehalt eines 85 prozentigen Branntweins, wenn man zu 100 l zusetzt

$$25,0 \;\mathrm{l}\;\text{Wasser, sich erniedrigt auf 69 Prozent,}$$
$$24,87 \;\mathrm{l}\;\quad\text{\textquotedbl}\qquad\text{\textquotedbl}\qquad\text{\textquotedbl}\qquad\text{\textquotedbl}\quad?\quad\text{\textquotedbl}\;,$$
$$23,1 \;\mathrm{l}\;\quad\text{\textquotedbl}\qquad\text{\textquotedbl}\qquad\text{\textquotedbl}\qquad\text{\textquotedbl}\quad 70\quad\text{\textquotedbl}\;.$$

Gießt man also 25,0 l Wasser zu, so erhält man 69 Prozent, gießt man 1,90 l weniger zu, nämlich 23,1 l, so erhält man 70 Prozent, $= 69 + 1,0$, also für je 1,90 l weniger Wasser erhöht sich der Prozentgehalt um 1 Prozent, für 0,01 l demnach um $\dfrac{1}{1,90}$ und für 0,13 l $(25,0 - 24,87 = 0,13)$ um $\dfrac{0,13 \times 1}{1,90} = 0,067$ Prozent. Durch Zugießen von 24,87 l Wasser zu 100 l eines 85 prozentigen Branntweins bekommt also ein Produkt von der Stärke $69 + 0,067 = 69,067$ Prozent, wie oben, oder abgerundet 69,1.

In ähnlicher Weise interpolirt man in Tafel 3 aus den Angaben für 69,0 und 70,0 die Litermenge, welche aus 100 l eines 85 prozentigen Branntweins entstehen, wenn derselbe durch Wasserzusatz auf 69,1 prozentigen erniedrigt wird zu 163,0 l, also werden aus 193 l $= 163,0 . 193 = 237,4$ l.

Wenn der benutzte Branntwein nicht eine runde Zahl von Prozenten hat, sondern noch Bruchtheile, z. B. 84,6 statt 85, dann ist die Lösung C etwas umständlich, weil nach zwei Seiten hin interpolirt werden muß, man wird also die Lösung B vorziehen, sonst ist C recht bequem.

I,3. Das Mischen zweier Branntweine miteinander.

Das Mischen von Branntwein mit Wasser wird wohl in der Praxis am häufigsten Anwendung finden, es kommt indessen doch auch nicht allzu selten vor, daß zwei Branntweine verschiedener Stärke zusammen gegossen werden, um zur Herstellung eines dritten von mittlerer Stärke zu dienen. Will man einen zu kräftigen Branntwein mildern, so gießt man wohl am besten Wasser zu, soll aber ein zu schwacher Branntwein stärker gemacht werden, so bleibt nichts anderes übrig, als einen hochprozentigen Weingeist zu Hülfe zu nehmen. Die Lösung der hier einschlägigen Aufgaben ist in so fern eine schwierigere, als Tafeln nicht in so ausgiebigem Maaße Verwendung finden können, wie bei den in den vorangegangenen Kapiteln behandelten.

Hier sind nicht mehr 3, sondern 4, oder wenn man will, auch 6 verschiedene Fälle zu unterscheiden, je nach den gegebenen Größen.

1. Gegeben ist die Menge und der Prozentgehalt der Mischung, sowie die Prozentgehalte der beiden zu mischenden Branntweine, gefragt die Litermenge, welche von den beiden Branntweinen zur Verwendung

kommen. Oder, durch Zusammengießen zweier Branntweine bekannter Stärke soll eine bestimmte Litermenge eines mittleren Branntweins verlangter Stärke hergestellt werden, wieviel Liter hat man von jedem der beiden Branntweine zu nehmen?

2. Gegeben ist die Menge des stärksten Branntweins, dessen Prozentgehalt, der Prozentgehalt des schwächeren Branntweins und der Mischung, gefragt die Litermenge der Mischung, die man erhält, und die des schwächeren Branntweins. Oder, aus einer bestimmten Litermenge starken Branntweins gegebener Stärke soll durch Zugießen eines schwachen Branntweins bekannter Stärke ein mittlerer Branntwein von verlangter Stärke hergestellt werden, wieviel nimmt man von dem schwachen Branntwein und wieviel Liter Mischung erhält man?

3. Gegeben ist die Menge des schwächsten Branntweins und die drei Prozentstärken, gefragt die Litermenge des stärksten Branntweins und die der Mischung. Oder, eine bestimmte Litermenge eines schwachen Branntweins von bekannter Stärke soll durch Zugießen von hochprozentigem Branntwein gegebener Stärke zu einem mittleren Branntwein von verlangter Stärke umgewandelt werden, wieviel Liter des starken Branntweins muß man nehmen, und wieviel Liter Mischung erhält man?

4. Gegeben die Litermengen der beiden Branntweine und ihre Prozentgehalte, gefragt Litermenge und Prozentgehalt der Mischung. Oder, wenn man von zwei Branntweinen bekannter Stärke von jedem eine bestimmte Literzahl nimmt und beide zusammen gießt, wieviel Liter Mischung erhält man, und welche Stärke hat das Produkt?

Bezeichnet man im Folgenden durchweg die Litermenge, den Raumgehalt des stärksten Branntweins mit B_1, seinen Alkoholgehalt mit v_1, den Wassergehalt mit w_1, beides nach Volumenprozenten, den Raumgehalt des schwächsten Branntweins mit B_2, seinen Alkoholgehalt mit v_2, den Wassergehalt mit w_2, endlich die Litermenge der Mischung mit M, ihren Alkoholgehalt mit v_m und den Wassergehalt mit w_m, so sind die Litermengen Wasser und Alkohol in jeder Sorte gegeben durch die Ausdrücke

für die stärkste Sorte: Liter Alkohol $\dfrac{B_1 v_1}{100}$, Liter Wasser $\dfrac{B_1 w_1}{100}$,

für die schwächste Sorte: Liter Alkohol $\dfrac{B_2 v_2}{100}$, Liter Wasser $\dfrac{B_2 w_2}{100}$,

für die Mischung: Liter Alkohol $\dfrac{M v_m}{100}$, Liter Wasser $\dfrac{M w_m}{100}$.

Nach dem Zusammengießen müssen sich natürlich in der Mischung sowohl die Litermengen Alkohol, wie die Litermengen Wasser, die in den beiden Branntweinen vorhanden waren, wieder vorfinden, es ist also:

$$13) \quad \dots \quad \begin{cases} M\,v_m = B_1\,v_1 + B_2\,v_2 \\ M\,w_m = B_1\,w_1 + B_2\,w_2. \end{cases}$$

Beide Gleichungen zusammen geben die Lösung aller beim Mischen von Branntweinen überhaupt vorkommenden Aufgaben.

Liegt der erste Fall vor, so braucht man zur Berechnung von B_1 nur die Gleichungen 13 so umzustellen, daß das Glied mit B_2 nach links allein kommt, dann dividirt man beide Gleichungen durcheinander und löst die Quotienten nach B_1 auf; will man B_2 haben, so bringt man erst $B_1\,v_1$, bezw. $B_1\,w_1$ allein nach links, dividirt und löst den Quotienten nach B_2 auf, man erhält dann:

$$14) \quad \dots \quad \begin{cases} B_1 = \dfrac{v_m\,w_2 - w_m\,v_2}{v_1\,w_2 - w_1\,v_2}\,M. \\[2ex] B_2 = \dfrac{v_1\,w_m - w_1\,v_m}{v_1\,w_2 - w_1\,v_2}\,M. \end{cases}$$

7. Beispiel A: 120 l eines Branntweins von 65 Prozent wahrer Stärke sollen hergestellt werden durch Zusammengießen von 90 prozentigem Sprit mit 50 prozentigem Spiritus, wieviel hat man von jeder Sorte zu nehmen: Im vorliegende Falle ist:

$$M = 120 \quad v_1 = 90 \quad v_2 = 50 \quad v_m = 65$$
$$w_1 = 11{,}95 \quad w_2 = 53{,}75 \quad w_m = 38{,}61,$$

worin die w aus der Tafel zu entnehmen sind, ferner sind:

$$\begin{array}{lll} v_m\,w_2 = 3493{,}8 & v_1\,w_2 = 4837{,}5 & v_1\,w_m = 3474{,}9 \\ w_m\,v_2 = \underline{1930{,}5} & w_1\,v_2 = \underline{597{,}5} & w_1\,v_m = \underline{776{,}7} \\ 1563{,}3 & 4240{,}0 & 2698{,}2, \end{array}$$

$$B_1 = \frac{1563{,}3}{4240{,}0} \cdot 120 = 44{,}24 \qquad B_2 = \frac{2698{,}2}{4240{,}0} \cdot 120 = 76{,}36.$$

Bei dieser Art der Berechnung müssen nach einander erst drei Werthe aus der Tafel 1 entnommen werden (nämlich w_1, w_2, w_m), dann sind 6 Multiplikationen auszuführen, es folgen drei Additionen, endlich 2 Divisionen, verbunden nochmals mit 2 Multiplikationen, d. h. es sind im Ganzen 13 Rechenoperationen vorzunehmen. Wenngleich die rechnerische Arbeit immerhin noch nicht als eine gerade erhebliche bezeichnet werden muß, so hat man doch gesucht, dieselbe noch weiter zu vereinfachen. Nun lassen sich eine ganze Anzahl von Beziehungen zwischen den B_1, B_2 und M herstellen und in Tafeln bringen; um indessen die Menge der zu benutzenden Tafeln nicht ins ungemessene zu vermehren, muß man sehen die bereits vorhandenen zu verwerthen.

Diesen Zweck erfüllt am besten ein von Brix angegebener Zusammenhang zwischen den Litermengen der Flüssigkeiten und den Wassermengen, welche man zu je 100 l derselben zusetzen muß, um sie auf die schwächste Branntweinsorte zu verdünnen. Bezeichnet man mit W_1 die Wassermenge, welche man zu 100 l des stärksten Branntweins zugießen muß, um ihn auf den mittelstarken zu verdünnen, mit W_2 die Wassermenge, welche 100 l desselben Branntweins auf den schwächsten bringt, mit W_m die Wassermenge, deren Zusatz zu 100 l des mittleren Branntweins, diesen in den schwächsten umwandelt, so wird ganz entsprechend der Gleichung 10 A, mit den Bezeichnungen, wie sie auf Seite 27 gegeben sind:

$$15) \quad \begin{cases} W_1 = v_1 \left(\dfrac{W_m}{v_m} - \dfrac{W_1}{v_1} \right) = \dfrac{v_1\, W_m - W_1\, v_m}{v_m} \\[2ex] W_2 = v_1 \left(\dfrac{W_2}{v_2} - \dfrac{W_1}{v_1} \right) = \dfrac{v_1\, W_2 - W_1\, v_2}{v_2} \\[2ex] W_m = v_m \left(\dfrac{W_2}{v_2} - \dfrac{W_m}{v_m} \right) = \dfrac{v_m\, W_2 - W_m\, v_2}{v_2}. \end{cases}$$

Dividirt man erst die letzte dieser drei Gleichungen durch die zweite und dann die zweite durch die erste, so erhält man dieselben Brüche, wie sie oben in den Gleichungen 14 vorkommen, setzt man jetzt die W Quotienten in die Gleichungen 14 ein, so erhält man:

$$16) \quad B_1 = \frac{W_m}{W_2}\, M \qquad\qquad B_2 = \frac{v_m}{v_2}\, \frac{W_1}{W_2} \cdot M,$$

das heißt nichts anderes als: 1. Die Litermenge des stärksten Branntweins verhält sich zu der Litermenge des aus ihm durch Zugießen dünneren Branntweins hergestellten mittleren Branntweins ebenso, wie die Litermenge Wasser, welche zu 100 l dieses mittleren Branntweins zugesetzt werden muß, um aus ihm den schwächsten zu bekommen, sich zu der Litermenge Wasser verhält, welche zu 100 l des stärksten Branntweins zugesetzt werden muß, um ihn auf den schwächsten zu verdünnen.

2. Die Litermenge des mittelstarken Branntweins verhält sich zur Litermenge des schwächsten Branntweins, wie das Produkt aus der Litermenge Wasser, welche auf 100 l des stärksten Branntweins zugesetzt werden muß, um ihn in den mittelstarken umzuwandeln, multiplizirt mit der wahren Stärke dieses mittleren Branntweins, zu dem Produkt, welches gebildet wird aus der Litermenge Wasser, die man auf 100 l des stärksten Spiritus zusetzen muß, um ihn auf den schwächsten zu verdünnen, multiplizirt mit der wahren Stärke dieses schwächsten Branntweins.

Aus Vorstehendem ergiebt sich eine sehr schnelle und einfache Art das Beispiel 7 zu berechnen. Man schlägt in der Tafel 4 die Wasser=mengen nach, welche man dem stärksten Spiritus zusetzen muß, um ihn auf den verlangten mittelstarken und den mitbenutzten schwächsten zu verdünnen, sowie die Wassermenge, durch welche 100 l des verlangten mittelstarken Branntweins in den mitbenutzten schwächsten verwandelt würden. Dann wird die für den verlangten mittleren gefundene Zahl durch die für den stärksten auf schwächsten gefundene Zahl dividirt und der Bruch mit der Literzahl des verlangten Branntweins multi=plizirt. Diese Operation ergiebt die Literzahl des stärksten Brannt=weins. Um die Litermenge des schwächsten zu finden, multiplizirt man die Wassermenge — stärksten auf mittleren — mit dem Prozentgehalt des mittleren, verlangten Branntweins, ebenso die Wassermenge — stärksten auf schwächsten — mit dem Prozentgehalt des schwächsten, dividirt das erste Produkt durch das zweite und multiplizirt den Bruch mit der Litermenge des verlangten mittleren Branntweins. Man hat also auszuführen 4 Multiplikationen und 2 Divisionen.

7. Beispiel B. Aus Tafel 4 findet man die Wassermengen, welche man zu 100 l zusetzen muß um zu verwandeln:

$$\text{Stärksten (90) in mittleren (65) zu 41,5 l,}$$
$$\text{stärksten (90) in schwächsten (50) zu 84,8 l,}$$
$$\text{mittleren (65) in schwächsten (50) zu 31,3 l.}$$

Nach der eben gegebenen Rechenregel dividirt man $\dfrac{31,3}{84,8} = 0{,}369$ und multiplizirt den gefundenen Werth des Bruches mit der Litermenge des 65 prozentigen Branntweins, $120 \times 0{,}369 = 44{,}3$. Dies ist die Menge des stärksten Branntweins. Dann multiplizirt man $41{,}5 \times 65 = 2698$ und $84{,}8 \times 50 = 4240$, dividirt die erste Zahl durch die letzte $\dfrac{2698}{4240} = 0{,}636$, und multiplizirt den gefundenen Werth des Bruches mit 120, also $0{,}636 \times 120 = 76{,}3$. Dies ist die Litermenge des schwächsten Branntweins. Um durch Zusammengießen von 90 prozentigen und 50 prozentigen Branntwein 120 l 65 prozentigen herzustellen, muß man also von ersterem 44,3 l, von letzterem 76,3 l nehmen.

Hat man den zweiten Fall, so ist gegeben B_1, v_1, v_2, v_m, gesucht B_2 und M. Zur Berechnung von B_2 greift man zurück zu den Gleichun=gen 13, nur löst man dieselben jetzt nach B_2 durch Eliminirung von M, auf. Die einfache Zwischenrechnung kann füglich übergangen werden, man erhält:

$$17) \quad \ldots \ldots \quad B_2 = \frac{v_1 W_m - W_1 v_m}{v_m W_2 - W_m v_2} B_1.$$

M ergiebt sich ferner durch bloße Umstellung der ersten der Gleichungen 13 zu:

$$18) \quad \ldots \ldots \quad M = \frac{B_1 v_1 + B_2 v_2}{v_m}.$$

8. Beispiel. Ein Destillateur hat eben noch 20 l 90 prozentigen Sprit und nebenbei einen größeren Posten 30 prozentigen Spiritus, er will unter Verwendung der ganzen 20 l Sprit einen 50 prozentigen Branntwein herstellen. Wieviel Liter 30 prozentigen Spiritus muß er zugießen und wieviel Liter wird er von der Mischung erhalten?

A. Man hat

$$B_1 = 20 \quad v_1 = 90 \quad v_2 = 30 \quad v_m = 50$$
$$w_1 = 11,95 \quad w_2 = 72,72 \quad w_m = 53,75,$$

wo die w aus der Tafel 1 entnommen worden sind. Es ist dann

$$v_1 w_m = 4837,5 \qquad v_m w_2 = 3636,0$$
$$\underline{w_1 v_m = 597,5} \qquad \underline{w_m v_2 = 1612,5}$$
$$4240,0 \qquad\qquad 2023,5.$$

$$B_2 = \frac{4240,0}{2023,5} \cdot 20 = 41,91$$

$$M = \frac{20 \cdot 90 + 41,91 \cdot 30}{50} = 61,146.$$

Will man also 20 l eines 90 prozentigen Sprits durch Zugießen von 30 prozentigen Spiritus auf 50 prozentigen verdünnen, so muß man von diesem 41,91 l zugießen und erhält alsdann 61,146 l Mischung.

Die zweite Art der Auflösung ist gegeben durch die Gleichungen 16, deren erste man in der Form schreibt:

$$19) \quad \ldots \ldots \quad M = \frac{W_2}{W_m} \cdot B_1,$$

während die zweite so benutzt werden kann, wie sie dasteht. Die Rechenregel, wie sie beim vorigen Beispiel gegeben wurde, erfährt also nur in ihrem ersten Theile eine einfache sinngemäße Aenderung. Man entnimmt zunächst die Litermenge der Mischung, indem man die Litermenge Wasser, welche man zu 100 l des stärksten Spiritus zusetzen muß, um ihn auf den schwächsten zu verdünnen, dividirt durch die Litermenge Wasser, welche man zu 100 l des verlangten mittelstarken Spiritus zusetzen muß, um ihn ebenfalls auf schwächsten zu verdünnen, und multiplizirt diesen so gefundenen Bruch mit der Litermenge des stärksten Spiritus. Die

Berechnung der Litermenge des schwächsten Spiritus, der dem stärksten beigemischt werden soll, ist dieselbe wie im vorigen Beispiel 7.

B. Nach Tafel 4 muß man zu 100 l Spiritus, um ihn zu verdünnen, an Wasser in Litern zusetzen:

Stärksten Spiritus (90) auf mittelstarken (50) = 84,8,
stärksten (90) auf schwächsten (30) . . . . = 206,3,
mittelstarken (50) auf schwächsten (30) . . = 67,5,

also dividirt man 206,3 durch 67,5 und multiplizirt das Resultat mit der Litermenge des stärksten Spiritus 20, so wird $\frac{206,3}{67,5} \times 20 = 3,06$ $\times 20 = 61,2$ l. Das ist die Litermenge der Mischung, des mittelstarken, 50 prozentigen Spiritus. Will man die Litermenge des schwächsten Spiritus haben, welche zur Herstellung dieser Mischung erforderlich ist, so multiplizirt man nach der Rechenregel 84,8 mit dem Prozentgehalte der Mischung, $84,8 \times 50 = 4240$, ferner 206,3 mit dem Prozentgehalt des schwächsten Branntweins $206,3 \times 30 = 6189$, dividirt die erste Zahl durch die letzte, $\frac{4240}{6188} = 0,685$ und multiplizirt das Resultat mit der Litermenge der Mischung, die man eben gefunden hat, $0,685 \times 61,2$ $= 41,9$ l. Wenn man also aus 20 l eines 90 prozentigen Sprits 50 prozentigen Spiritus durch Zugießen von 30 prozentigem Spiritus herstellen will, so muß man von diesem 41,9 l verwenden und erhält 61,2 l Mischung.

In dem eben berechneten Beispiel sollte ein starker Branntwein durch Zusatz eines schwächeren gemildert werden, das ist ein Fall, der wohl nicht allzu häufig vorkommen wird, denn meist wird man es vorziehen, zum Verdünnen einfach Wasser zu nehmen, eine Darstellungsweise, wie sie das Beispiel 4 lehrt; wohl aber ist es nicht selten, daß ein bereits fertiger Trinkbranntwein, dessen Alkoholgehalt man kennt, für den Geschmack zu leicht erscheint, oder daß man beim Mischen über das Ziel hinausgeschossen ist, dann muß der zu schwache Branntwein kräftiger gemacht werden, wobei das Mischen zweier Branntweine unter einander nicht zu umgehen ist, denn dieser Zweck läßt sich eben nur durch das Zugießen eines hochprozentigen Weingeistes erreichen. Das ist der dritte Fall. Es sind gegeben B_2, v_1, v_2, v_3, gesucht B_1 und M. Die Lösung ist wiederum, wie bei allen Mischungsaufgaben, durch die Gleichungen 13 gegeben. Es wird:

$$20) \quad \ldots \ldots \quad B_1 = \frac{v_m\, W_2 - W_m\, v_2}{v_1\, W_m - W_1\, v_m} \cdot B_2.$$

M wird dann aus der Gleichung 18 gefunden.

9. Beispiel. Ein Destillateur hat einen Posten von 145 l eines 32 prozentigen Trinkbranntweins auf Lager. Da dieser dem Geschmacke seiner Käufer zu weichlich erscheint, so will er ihn seinen Kunden dadurch mundgerecht machen, daß er ihn durch Zugießen von 95 prozentigen Sprit auf 40 Prozent verstärkt. Wieviel Liter Feinsprit wird er zugießen müssen und wieviel Liter wird er von dem neuen 40 prozentigen Branntwein bekommen?

Hier wäre das anfangs erwähnte Mischen mit dem Alkoholometer in der Hand, das Herumprobiren einfach unmöglich, denn die Angaben des Instrumentes werden nicht nur vom Alkoholgehalt abhängig sein, sondern außerdem stark beeinflußt werden durch im Branntwein enthaltenen Zucker, durch die ätherischen Oele, Essenzen, aromatischen Beimengungen, Couleuren u. s. w., hier heißt es rechnen.

$$A. \quad B_2 = 145 \quad v_1 = 95 \quad v_2 = 32 \quad v_m = 40$$
$$w_1 = 6{,}19 \quad w_2 = 70{,}89 \quad w_m = 63{,}43,$$

wobei die w aus der Tafel 1 entnommen sind. Es ist dann

$$v_m w_2 = 2835{,}6 \qquad v_1 w_m = 6025{,}9$$
$$\underline{w_m v_2 = 2029{,}8} \qquad \underline{w_1 v_m = 247{,}6}$$
$$805{,}8 \qquad\qquad 5778{,}3.$$

$$B_1 = \frac{805{,}8}{5778{,}3} \cdot 145 = 20{,}22 \ l$$

$$M = \frac{20{,}22 \cdot 95 + 145 \cdot 32}{40} = 164{,}02 \ l.$$

Es müssen zu den 145 l des 32 prozentigen Branntweins noch 20,2 l des 95 prozentigen Feinsprits zugesetzt werden, worauf man 164,0 l Branntwein von 40 Volumenprozenten erhält.

Will man jetzt dasselbe Beispiel nach der zweiten Methode mit Hülfe der Tafel 4 rechnen, so formt man die zweite Gleichung von 16 um und erhält daraus:

$$21) \quad\ldots\ldots \quad M = \frac{v_2 \, W_2}{v_m \, W_1} \cdot B_2,$$

während die erste der Gleichungen 16 unverändert benutzt werden kann. Man bekommt also die folgende Rechenregel. Zuerst muß man die Litermenge des verlangten mittelstarken Branntweins berechnen, indem die Litermenge Wasser, welche zu 100 l des stärksten Branntweins zugesetzt werden muß, um ihn zu schwächstem zu verdünnen, mit dem Prozentgehalte des schwächsten Branntweins multiplizirt wird, dann multiplizirt man die Litermenge Wasser, welche 100 l des stärksten Branntweins zum verlangten mittelstarken mildern, mit dem Prozent=gehalt dieses mittelstarken Branntweins, dividirt die erste gefundene Zahl durch die zweite und multiplizirt das gefundene Resultat mit der Liter=menge des schwächsten Branntweins. Die Litermenge des stärksten Branntweins berechnet man genau so, wie beim Beispiel 7 Seite 31 angegeben ist.

B. Aus der Tafel 4 ergeben sich die Litermengen Wasser, welche man zu 100 l des stärksten Branntweins zusetzen muß, um ihn auf den verlangten mittelstarken und auf den schwächsten zu verdünnen, sowie die Litermenge Wasser, welche 100 l des mittelstarken Branntweins in den schwächsten umwandeln, zu

stärksten (95) auf mittelstarken (40) . . . 144,4,
stärksten (95) auf schwächsten (32) 204,3,
mittelstarken (40) auf schwächsten (32) . . . 25,2.

Nach der eben gegebenen Rechenregel multiplizirt man 204,3 mit dem Prozentgehalt des schwächsten Branntweins, $204,3 \times 32 = 6537,6$ und 144,4 mit dem Prozentgehalt des mittleren Branntweins $144,4 \times 40 = 5776,0$, dividirt die erste Zahl durch die zweite $\frac{6537,6}{5776,0} = 1,132$ und multiplizirt das Resultat mit der Litermenge des schwächsten Brannt=weins $145 \times 1,132 = 164,1\,1$ und hat somit die Litermenge der Mischung. Um die Litermenge des stärksten Branntweins zu erhalten, dividirt man 25,2 durch 204,3 also $\frac{25,2}{204,3} = 0,123$ und multiplizirt den Quotienten mit der eben gefundenen Litermenge der Mischung, $164,1 \times 0,123 = 20,2\,1$. Um 145 l eines 32 prozentigen Branntweins durch Zugießen von 95 prozentigen Feinsprit in 40 prozentigen Branntwein zu verstärken, muß man also 20,2 l Feinsprit zumischen und erhält alsdann 164,1 l Branntwein der verlangten Stärke.

Der vierte hier in Frage kommende Fall, zugleich der letzte, der überhaupt beim Mischen von Branntweinen untereinander und mit Wasser nach Volumenprozenten auftreten kann, ist wiederum nicht direkt zu lösen. Man geht auf die Gleichungen 13 zurück, dividirt die erste durch die zweite und erhält dann:

$$22) \qquad \frac{v_m}{w_m} = \frac{B_1 v_1 + B_2 v_2}{B_1 w_1 + B_2 w_2},$$

aus der Tafel 2 kann man dann den zum Zusammenziehungsfaktor $\frac{v_m}{w_m}$ gehörigen Prozentgehalt auffinden und, falls man genauere Werthe haben will, interpoliren. Die Litermenge der Mischung ergiebt die erste der beiden Gleichungen 13.

10. Beispiel: Es hat ein Spiritushändler zwei theilweise geleerte Fässer mit Branntwein; in dem einen sind noch 60 l eines 75 prozentigen Branntweins, in dem anderen 45 l eines 50 prozentigen Branntweins. Um seine Fässer leer zu bekommen, gießt er beide Sorten zusammen. Wieviel Liter Mischung erhält er und wie stark ist die Mischung?

A. Es ist

$$B_1 = 60 \qquad\qquad B_2 = 45$$
$$v_1 = 75 \quad w_1 = 28{,}20 \qquad v_2 = 50 \quad w_2 = 53{,}75.$$

Dann ist

$$B_1 v_1 = 4500{,}0 \qquad B_1 w_1 = 1692{,}0$$
$$\underline{B_2 v_2 = 2250{,}0} \qquad \underline{B_2 w_2 = 2418{,}8}$$
$$\; 6750{,}0 \qquad\qquad\; 4110{,}8$$

$$\frac{v_m}{w_m} = \frac{6750{,}0}{4110{,}8} = 1{,}642.$$

Zu dem Zusammenziehungsfaktor 1,642 giebt aber Tafel 2 als Prozentgehalt 64,4, also wird die Mischung 64,4 Volumenprozente haben. Ferner ist

$$M = \frac{4500{,}0 + 2250{,}0}{64{,}4} = 104{,}8 \; l.$$

B. Ueberall da, wo nach dem Prozentgehalte der Mischung gefragt wird, wird die Rechnung mit dem Zusammenziehungsfaktor gemacht. Wie auch die Mischung entstanden sein mag, ob durch Zusammengießen von Alkohol mit Wasser oder von zwei Branntweinen untereinander, immer muß in der Mischung der gesammte Alkohol und das gesammte Wasser sich vorfinden. Nun sind enthalten in 60 l des 75 prozentigen Branntweins $\frac{60 \times 75}{100} = 45$ l reiner Alkohol und in 45 l des 50 prozentigen Branntweins $\frac{45 \times 50}{100} = 22{,}5$ l reiner Alkohol, in der Mischung also $45 + 22{,}5 = 67{,}5$ l reiner Alkohol. Ferner sind in 100 l des 25 prozentigen Branntweins nach Tafel 1 je 28,20 l Wasser, also in 60 l dann $\frac{28{,}20 \times 60}{100} = 16{,}92$ l Wasser, entsprechend sind in 45 l des 50 prozentigen Branntweins $\frac{45 \times 53{,}75}{100} = 24{,}19$ l Wasser, insgesammt in der Mischung also $16{,}92 + 24{,}19 = 41{,}11$ l Wasser. Dividirt man

die Alkoholmenge durch die Wassermenge, so erhält man den Zusammen=
ziehungsfaktor $\frac{67,5}{41,11} = 1,642$, zu welchem man aus Tafel 2 den Prozent=
gehalt 64,4 entnimmt. Die Mischung muß demnach 64,4 Volumen=
prozente haben, d. h. sie hat 64,4 l reinen Alkohol in 100 l, also hat
sie 1 l in $\frac{100}{64,4}$ l und die obige Alkoholmenge von 67,5 l in $\frac{100 \times 67,5}{64,4} =$
104,8 l. Durch Zusammengießen von 60 l eines 75 prozentigen Brannt=
weins mit 45 l eines 50 prozentigen Branntweins erhält man also
104,8 l eines 64,4 prozentigen Branntweins.

Damit sind alle Fragen erschöpft, welche beim Mischen von reinem
Alkohol mit Wasser, Branntwein mit Wasser, oder endlich Branntwein
mit Branntwein vorkommen können.

I,4. Das Mischen bei verschiedenen Temperaturen.

Es darf nicht verschwiegen werden, daß alle diese Formeln und
die Berechnung der Beispiele nur dann Gültigkeit haben, wenn bei der
Mischung die beiden zusammengegossenen Flüssigkeiten beide die Normal=
temperatur, also $12^4/_9$ Grad Reaumur hatten; alle Tafeln sind unter
dieser Voraussetzung berechnet und nur anzuwenden, wenn sie erfüllt ist.
Der Grund für diese Thatsache ist darin zu suchen, daß der Raumgehalt
einer Flüssigkeit keine unveränderliche Größe ist, sondern in ziemlichem
Maaße abhängt von der jeweiligen Temperatur. Bei höheren Wärme=
graden dehnen sich alle Körper aus; sinkt die Temperatur, so ziehen sie
sich wieder zusammen, um so mehr, je niedriger der Wärmegrad ist.
Hat man z. B. bei der Normaltemperatur 1000 l reinen Alkohols ab=
gemessen, so nehmen diese bei 0° nur noch einen Raum von 983,8 l
ein, während sie bei + 25° Reaumur sich auf 1017,0 l ausgedehnt haben.
Nachstehendes Täfelchen giebt an, was aus je 1000 l Branntwein der
nebenstehenden wahren Stärke bei der darüber stehenden Temperatur
wird.

Prozent	0° R	10° R	$12^4/_9$° R	20° R	25° R
0	999,2	999,6	1000	1001,9	1003,7
25	994,6	998,7	1000	1004,4	1007,6
50	988,1	997,6	1000	1007,7	1013,0
75	985,9	997,1	1000	1009,1	1015,3
100	983,8	996,8	1000	1010,2	1017,0

Es ist leicht ersichtlich, daß die Ausdehnung um so größer ist, je höher der Prozentgehalt ansteigt. Der größte Unterschied in der Volumenänderung besteht zwischen 0 Prozent (Wasser) und 100 Prozent (reinem Alkohol). Dasselbe muß auch innerhalb einer und derselben Mischung stattfinden, z. B. wird innerhalb eines 25 prozentigen Brannt= weins der reine Alkohol eine stärkere Volumenänderung erfahren als das Wasser, das Verhältniß zwischen Alkohol und Wasser wird nicht das nämliche bleiben, wie bei der Normaltemperatur $12^4/_9°$ Reaumur. Theoretisch ist für eine beliebige Temperatur die Wassermenge, welche in je 100 l Branntwein enthalten ist, gegeben durch die Gleichung:

$$23) \quad \ldots \quad W' = \frac{100\,\sigma' - 0{,}7939\,v}{s'},$$

worin σ' das spezifische Gewicht des Branntweins, s' dasjenige des Wassers, beide bei der Mischungstemperatur t bedeuten, ferner v die wahre Stärke des Branntweins nach Volumenprozenten und 0,7939 das spezifische Gewicht des reinen Alkohols. Das Täfelchen giebt die Liter= mengen Wasser in je 100 l Branntwein der nebenstehenden Stärke bei der darüberstehenden Temperatur.

Prozent	0° R	10° R	$12^4/_9°$ R	20° R	25° R
25	77,72	77,34	77,25	76,98	76,80
50	53,46	53,96	53,75	53,14	52,75
75	29,43	28,43	28,20	27,46	26,97

Ein Branntwein von der wahren Stärke von 75 Volumenprozenten enthält demnach bei 25° Reaumur in 100 l Branntwein neben 75 l reinen Alkohols von $12^4/_9°$ Reaumur 26,97 l Wasser von 25° Reaumur. Will man die wahre Zusammensetzung haben und die wahre Zusammen= ziehung berechnen, so muß man indessen offenbar wissen, wieviel Liter reinen Alkohols von 25° in je 100 l Branntwein enthalten sind, denn auch der Alkohol hat ja seinen Raumgehalt verändert. Nun ist für eine beliebige Temperatur die Litermenge Alkohol in 100 l Branntwein gegeben durch die Formel:

$$24) \quad \ldots \ldots \quad A' = \frac{0{,}79391}{a'} \cdot v,$$

worin a' das spezifische des reinen Alkohols bei der Mischungstemperatur bedeutet und die übrigen Bezeichnungen die gleichen sind wie oben. Das folgende Täfelchen giebt die Litermenge reinen Alkohol in je 100 l Branntwein der nebenstehenden wahren Stärke bei der darüberstehenden Temperatur.

Prozent	0° R	10° R	12⁴/₉° R	20° R	25° R
25	24,60	24,92	25,00	25,25	25,43
50	49,19	49,84	50,00	50,51	50,85
75	73,79	74,76	75,00	75,76	76,28

Wie aus den beiden letzten Täfelchen ohne weiteres zu entnehmen ist, enthalten also je 100 l eines 50 prozentigen Branntwein:

$$\text{bei} \quad 0° \quad 49,19 \text{ l Alkohol} + 54,83 \text{ l Wasser} = 104,02 \text{ l,}$$
$$„ \ 12^4/_9° \ \ 50,00 \text{ l} \quad „ \quad + 53,75 \text{ l} \quad „ \quad = 103,75 \text{ l,}$$
$$„ \quad 25° \ \ 50,85 \text{ l} \quad „ \quad + 52,75 \text{ l} \quad „ \quad = 103,60 \text{ l.}$$

Die Zusammenziehungen betragen also 4,02 l bei 0°, 3,75 l bei der Normaltemperatur und 3,60 l bei 25°. Für die Praxis sind diese Abweichungen gegen die Normaltemperatur ohne Belang. Auch beim Mischen selbst tritt die Temperatur wenig in den Vordergrund, wie aus dem nachstehenden Beispiel für 0°, 10°, 12⁴/₉°, 20° und 25° Reaumur am besten zu ersehen sein wird.

11. Beispiel. Ein Spiritushändler will 80 l eines 25 prozentigen Branntweins durch Zugießen von 75 prozentigen Branntwein auf 50 prozentigen verstärken. Wieviel Liter des 75 prozentigen Branntweins muß er bei jeder Temperatur nehmen und wieviel Liter des 50 prozentigen Branntweins erhält er in jedem Falle.

Die Berechnung geschieht mit Hülfe der Formeln 18 und 20.

1. Die Mischung findet bei 0° statt. Dann ist:

$$B_2 = 80 \quad v_1 = 73,79 \quad v_2 = 24,60 \quad v_m = 49,19$$
$$w_1 = 29,43 \quad w_2 = 77,72 \quad w_m = 54,83$$

$$v_m\, w_2 = 3823,1 \qquad v_1\, w_m = 4045,9$$
$$w_m\, v_2 = 1348,9 \qquad w_1\, v_m = 1447,7$$

$$B_1 = \frac{2474,2}{2598,2} \cdot 80 = 76,18 \text{ l}$$

$$M = \frac{5621,6 + 1968,0}{49,19} = 154,3 \text{ l.}$$

2. Die Mischung findet statt bei $+ 10°$ Reaumur. Dann ist:

$$B_2 = 80 \qquad v_1 = 74{,}76 \qquad v_2 = 24{,}92 \qquad v_m = 49{,}84$$
$$w_1 = 28{,}43 \qquad w_2 = 77{,}34 \qquad w_m = 53{,}96$$

$$v_m\, w_2 = 3854{,}6 \qquad v_1\, w_m = 4034{,}0$$
$$w_m\, v_2 = 1344{,}7 \qquad w_1\, v_m = 1416{,}9$$

$$B_1 = \frac{2509{,}9}{2617{,}1} \cdot 80 = 76{,}72 \; l$$

$$M = \frac{5735{,}7 + 1993{,}6}{49{,}84} = 155{,}1 \; l.$$

3. Die Mischung findet bei der Normaltemperatur statt. Dann ist:

$$B_2 = 80 \qquad v_1 = 75 \qquad v_2 = 25 \qquad v_m = 50$$
$$w_1 = 28{,}20 \qquad w_2 = 77{,}25 \qquad w_m = 53{,}75$$

$$v_m\, w_2 = 3862{,}5 \qquad v_1\, w_m = 4031{,}3$$
$$w_m\, v_2 = 1343{,}5 \qquad w_m\, v_1 = 1410{,}0$$

$$B_1 = \frac{2519{,}0}{2621{,}3} \cdot 80 = 76{,}88 \; l$$

$$M = \frac{5765{,}9 + 2000{,}0}{50} = 155{,}3 \; l.$$

4. Die Mischung findet statt bei $+ 20°$ Reaumur. Dann ist:

$$B_2 = 80 \qquad v_1 = 75{,}76 \qquad v_2 = 25{,}25 \qquad v_m = 50{,}51$$
$$w_1 = 27{,}46 \qquad w_2 = 76{,}98 \qquad w_m = 53{,}14$$

$$v_m\, w_2 = 3888{,}3 \qquad v_1\, w_m = 4025{,}9$$
$$w_m\, v_2 = 1341{,}8 \qquad w_m\, v_1 = 1387{,}0$$

$$B_1 = \frac{2546{,}5}{2638{,}9} \cdot 80 = 77{,}20 \; l$$

$$M = \frac{5848{,}7 + 2020{,}0}{50{,}51} = 155{,}8 \; l.$$

5. Die Mischung findet statt bei $+ 25°$ Reaumur. Dann ist:

$$B_2 = 80 \qquad v_1 = 76{,}28 \qquad v_2 = 25{,}43 \qquad v_m = 50{,}85$$
$$w_1 = 26{,}97 \qquad w_2 = 76{,}80 \qquad w_m = 52{,}75$$

$$v_m\, w_2 = 3905{,}3 \qquad v_1\, w_m = 4023{,}7$$
$$w_m\, v_2 = 1341{,}4 \qquad w_1\, v_m = 1371{,}4$$

$$B_1 = \frac{2563{,}9}{2652{,}3} \cdot 80 = 77{,}33 \; l$$

$$M = \frac{5899{,}1 + 2034{,}4}{50{,}85} = 156{,}0 \; l.$$

Die Abweichungen, welche eintreten, wenn man nicht bei der Normaltemperatur, sondern bei einer anderen Temperatur die Mischung vornimmt, betragen also im allerungünstigsten Falle, nämlich wenn bei 0° gemischt wird, einen Liter, den man rechnerisch weniger erhalten würde, 154,3 l bei 0° gegen 155,3 l bei 12⁴/₉°, oder 0,7 l auf je 100 l. Hält man aber die Flüssigkeiten beim Mischen zwischen 10° und 20°, was wohl immer möglich sein wird, so macht man im ungünstigsten Falle einen rechnerischen Fehler von nur 0,4 l auf je 100 l, wenn man die Verhältnisse so rechnet, als ob die Flüssigkeiten die Normaltemperatur gehabt hätten.

Das sind Größen, die in jedem Falle vernachlässigt werden dürfen, denn für ein 20 Litermaaß beträgt bereits die Verkehrsfehlergrenze ¹/₁₀ l, d. h. ein vorschriftsmäßig geaichtes 20 Litermaaß kann um ¹/₁₀ l falsch sein, 100 l dürfen also um ¹/₂ l von dem Nominalwerth abweichen. Werden daher, was vollkommen ausgeschlossen erscheint, beim Messen selbst überhaupt gar keine Fehler begangen, so ist doch der Fehler, den man durch Nichtberücksichtigung der Temperatur beim Mischen begeht, im ungünstigsten Falle nicht größer, wie der Fehler, den die benutzten Hohlmaaße trotz der Aichung noch haben können.

II. Das Mischen nach Gewicht mit dem Gewichtsalkoholometer.

Technisch nicht ganz so einfach wie das Mischen nach Maaß, ist das Mischen nach Gewicht; man kann mit größerer Geschwindigkeit 20 l abmessen, als 20 kg abwiegen. Im Uebrigen aber ist das Mischen nach Gewicht sehr viel einfacher und in seinem Verlaufe leichter zu durchschauen. Vor allen Dingen aber begegnet man beim Berechnen des zu erwartenden Resultates durchaus keinen Schwierigkeiten, man braucht keine Tafeln und sonstige rechnerischen Hülfsmittel, die Formeln gestalten sich einfacher und sind bequemer zu handhaben. Es kommt dies daher, daß alle die Verwicklungen, welche beim Zusammengießen nach Maaß eintreten, fortfallen, sobald man die Flüssigkeiten verwiegt. Das Gewicht ist vollkommen unabhängig von der Temperatur und bleibt unter allen Umständen dasselbe, z. B. wiegen 793,9 kg reiner Alkohol eben 793,9 kg, mögen dieselben nun bei der Normaltemperatur 1000 l Raumgehalt haben, 1016 l bei +30° Celsius oder nur 970 l bei —15° Celsius Raum einnehmen. Andrerseits spielt die Kontraktion hier überhaupt keine Rolle. Mischt man z. B. 30 l eines 20 prozentigen Branntweins mit 13,4 l Feinsprit von 95 Prozent, so erhält man 42,3 l eines 40 prozentigen Branntweins, wobei die Mischung also eine Zusammenziehung von 0,8 l erleidet. Nun wiegen 30 l 20 prozentigen Branntweins 29,1 kg und 3,4 l 95 prozentigen Feinsprits 10,5 kg.

Gießt man jetzt 29,1 kg zusammen mit 10,5 kg, so erhält man 29,1 +
10,5 kg = 33,6 kg Mischung, gleichviel wie groß die Kontraktion ist.
Berücksichtigt man alle diese Umstände, also die Unabhängigkeit von der
Temperatur der Flüssigkeiten, und von der Zusammenziehung beim
Mischen, die großen Erleichterungen beim Rechnen, von denen zunächst
nur einige angedeutet sind, so kann nicht geleugnet werden, daß die
Vorzüge des Mischens nach Gewicht so überwiegende sind, daß die
kleinen Bequemlichkeiten, welche das Messen vor dem Wiegen voraus
hat, dagegen gar nicht in Betracht kommen.

Bezeichnet man im Folgenden durchweg das Gewicht mit G, also
das Gewicht des hochprozentigen Branntweins mit G_1, entsprechend den
Bezeichnungen bei dem Mischen nach Maaß, das Gewicht des niedrig=
prozentigen Branntweins mit G_2 und das der Mischung mit G_m, so ist:

$$25) \quad \ldots \ldots \quad G_m = G_1 + G_2.$$

Das Gewicht der Mischung ist gleich der Summe der Gewichte ihrer
Bestandtheile.

Bezeichnet man die wahren Gewichtsprozente mit p, also mit p_1
die wahre Stärke des höchstprozentigen Branntweins, mit p_2 die des
niedrigstprozentigen und mit p_m die wahre Stärke der Mischung, alles
nach Gewichtsprozenten, so ist:

$$26) \quad \ldots \ldots \quad G_m \, p_m = G_1 \, p_1 + G_2 \, p_2.$$

Die Menge des reinen Alkohols in der Mischung ist gleich der Summe
der Alkoholmengen in ihren Bestandtheilen, aus denen sie zusammenge=
gossen ist.

Diese beiden einfachen Formeln, 25 und 26, genügen vollkommen
zur Berechnung aller beim Mischen von Branntwein nach Gewichts=
prozenten und mit dem Gewichtsalkoholometer vorkommenden Auf=
gaben.

II,1. Das Mischen von reinem Alkohol mit Wasser.

Am einfachsten ist wiederum die Lösung, wenn reiner Alkohol mit
Wasser gemischt werden soll, genau wie auch bei den Volumenprozenten.
Man unterscheidet wieder drei Fälle:

1. Gegeben die Gewichtsmenge und die wahre Stärke des herzu=
stellenden Branntweins, gefragt die Gewichtsmengen Alkohol und
Wasser, welche zur Herstellung nöthig sind, oder anders ausgedrückt,
eine bestimmte Anzahl Kilogramme Branntwein von verlangter Stärke
soll durch Mischen von reinem Alkohol und Wasser hergestellt werden,

wieviel Kilogramme müssen von jeder dieser beiden Flüssigkeiten ge=
nommen werden?

2. Gegeben die Gewichtsmenge reinen Alkohols und die wahre
Stärke des Branntweins, gefragt die zuzugießende Gewichtsmenge
Wasser und die Gewichtsmenge des entstehenden Branntweins, oder aus
einer bestimmten Kilogrammzahl reinen Alkohols soll durch Zugießen
von Wasser ein Branntwein von verlangter Stärke hergestellt werden,
wieviel Kilogramm Wasser muß man nehmen und wieviel Kilogramm
Branntwein erhält man?

3. Gegeben die Gewichtsmenge reinen Alkohols und die Gewichts=
menge Wasser, gefragt die wahre Stärke und die Gewichtsmenge des
entstehenden Branntweins; oder, wenn man zu einer bestimmten Kilo=
grammzahl reinen Alkohols eine bestimmte Kilogrammzahl Wasser hin=
zugießt, wieviel Kilogramm Branntwein hat man und welche Stärke
hat das fertige Produkt?

Beim Mischen von reinem Alkohol mit Wasser ist $p_1 = 100$ und
$p_2 = 0$, die Gleichung 26 erhält also die Form:

$$27) \quad \ldots \ldots \quad G_m\, p_m = G_1\, 100,$$

in welcher Form sie zur Lösung des ersten Falles dient.

12. Beispiel: Durch Mischen von reinem Alkohol und Wasser
sollen 54 kg von 32 prozentigem Branntwein hergestellt werden. Wie=
viel Alkohol und wieviel Wasser muß man nehmen?

A. $G_m = 54$, $p_m = 32$, $G_1 = \dfrac{54 \times 32}{100} = 17,28$ kg $G_2 = 54 - 17,28$
$= 36,72$ kg, es müssen also genommen werden 17,28 kg reiner Alkohol
und 36,72 kg Wasser.

B. Wenn 32 prozentiger Branntwein verlangt wird, so sollen in
100 kg also 32 kg reiner Alkohol sein, dann ist in 1 kg $\dfrac{32}{100}$ kg reiner
Alkohol, und in den verlangten 54 kg genau $\dfrac{32}{100} \times 54 = 17,28$ kg
reiner Alkohol. Alles was nicht reiner Alkohol ist, ist Wasser, also
sind in den 54 kg des 32 prozentigen Branntweins $54 - 17,28 = 36,72$ kg
Wasser. Man erhält demnach 54 kg eines 32 prozentigen Branntweins
durch Zusammengießen von 17,28 kg reinen Alkohol mit 36,72 kg
Wasser.

Beim zweiten Fall ist gegeben G_1 und p_m, gesucht G_m und G_2,
dann ist

$$G_m = \frac{G_1\, 100}{p_m} \qquad\qquad G_2 = G_m - G_1.$$

13. Beispiel: Aus 78 kg reinen Alkohols soll allein durch Zu=
gießen von Wasser ein Spiritus von 42 Gewichtsprozenten hergestellt
werden. Wieviel Kilogramm Wasser muß man zugießen und wieviel
Kilogramm Mischung erhält man?

A. $G_1 = 78$ kg $p_m = 42$ $G_m = \dfrac{78 \cdot 100}{42} = 185{,}7$ kg $G_2 = 185{,}7$
$- 78 = 107{,}7$ kg.

Es müssen 107,7 kg Wasser zu den 78 kg reinen Alkohols hinzu=
gegossen werden und man erhält 185,7 kg 42 prozentigen Branntwein.

B. Bei einem 42 prozentigen Branntwein sind 42 kg reiner
Alkohol in 100 kg Branntwein, dann ist 1 kg reiner Alkohol in $\dfrac{100}{42}$ kg
Branntwein, und die 78 zur Verfügung stehenden Kilogramm werden
enthalten sein in $78 \times \dfrac{100}{42} = 185{,}7$ kg Branntwein. Da es hier keine
Kontraktion giebt, so müssen zu den 78 kg Alkohol also $185{,}7 - 78$
$= 107{,}7$ kg Wasser hinzugegossen werden, wenn man 185,7 kg Brannt=
wein von 42 Gewichtsprozenten bekommen will.

Beim dritten Fall sind gegeben G_1 und G_2, gesucht werden G_m p_m.
Man wird aus dem vorigen Abschnitt noch die Erinnerung bewahrt
haben, wie schwierig es beim Mischen nach Volumenprozenten war, den
Prozentgehalt der Mischung zu finden. Hier ist ganz einfach

$$G_m = G_1 + G_2, \qquad p_m = \frac{G_1 \cdot 100}{G_m}.$$

14. Beispiel: Es wird von einem Spiritushändler ein Faß, in
welchem noch 132 kg reiner Alkohol enthalten sind, mit 458 kg
Wasser aufgefüllt. Wieviel Kilogramm Branntwein erhält der Händler
und welche Stärke hat der jetzt in dem Faß enthaltene Branntwein?

A. $G_1 = 132$ kg $G_2 = 458$ kg, also $G_m = 132 + 458 = 590$ kg,
$p_m = \dfrac{132 \cdot 100}{590} = 22{,}6$ Prozent. Wenn man also zu 132 kg reinen
Alkohol 458 kg Wasser zugießt, so erhält man 590 kg eines Brannt=
weins von 22,6 Gewichtsprozenten wahrer Stärke.

B. Das Gewicht der Mischung ist gleich der Summe der Ge=
wichte ihrer Bestandtheile, wenn man also 132 kg reinen Alkohol mit
458 kg Wasser mischt, so erhält man unter allen Umständen $132 + 458$
$= 590$ kg Branntwein. In diesen 590 kg Branntwein müssen die ur=
sprünglichen 132 kg reiner Alkohol enthalten sein, da ja kein Alkohol
verloren gegangen ist; dann werden also in 1 kg des Branntweins $\dfrac{132}{590}$ kg

reiner Alkohol sein und in 100 kg Branntwein $\frac{132}{590} \times 100 = 22{,}6$ kg reiner Alkohol, das heißt aber der Branntwein hat eine wahre Stärke von 22,6 Gewichtsprozenten.

II,2. Das Mischen von Branntwein mit Wasser.

Wenn es sich um das Mischen von Branntwein mit Wasser handelt, wird die Lösung der Aufgaben nur wenig schwieriger und zeitraubender. Es ist dann p_1 nicht mehr $= 100$, aber p_2 bleibt immer noch $= 0$, so daß die Gleichung 27 die Form erhält:

$$28) \quad \ldots \ldots \quad G_m\, p_m = G_1\, p_1,$$

worin eben p_1 die wahre Stärke des benutzten Branntweins, der mit Wasser gemischt werden soll, bedeutet, p_m die wahre Stärke der Mischung.

Es sind auch hier drei einzelne Fälle zu unterscheiden:

1. Gegeben die Gewichtsmenge und die wahre Stärke des benutzten Branntweins und die wahre Stärke der Mischung, gefragt die Gewichtsmenge, welche man von der Mischung erhält, sowie die zuzusetzende Gewichtsmenge Wasser. Oder eine bestimmte Kilogrammzahl Branntwein von einem bestimmten Prozentgehalt soll durch Zusatz von Wasser auf einen verlangten Prozentgehalt verdünnt werden. Wieviel Kilogramm Wasser muß man zusetzen und wieviel Kilogramm von der Mischung erhält man?

2. Gegeben die Gewichtsmenge und die wahre Stärke der Mischung und die wahre Stärke des benutzten Branntweins, gefragt die Gewichtsmenge Wasser und die Gewichtsmenge des hochprozentigen Branntweins, die zur Verwendung kommen müssen; oder aus einem hochprozentigen Branntwein von einer bestimmten Stärke soll durch Wasserzusatz ein niedrigerprozentiger Branntwein von verlangter Stärke hergestellt werden. Wieviel Kilogramm hochprozentigen Branntwein und wieviel Kilogramm Wasser muß man nehmen?

3. Gegeben die Gewichtsmenge und die wahre Stärke des hochprozentigen Branntweins und die Gewichtsmenge des zugegossenen Wassers, gefragt die Gewichtsmenge und die wahre Stärke der Mischung, oder wenn zu einer bestimmten Kilogrammzahl hochprozentigen Branntweins von gegebener Stärke eine bestimmte Kilogrammzahl Wasser hinzugesetzt wird, welche Stärke wird die Mischung haben und wieviel Kilogramm erhält man davon?

Für den ersten Fall ist gegeben G_1 und p_1 sowie p_m, gesucht G_m und G_2. Es ist daher:

$$G_m = \frac{G_1\,p_1}{p_m} \quad \text{und} \quad G_2 = G_m - G_1.$$

15. Beispiel: Ein Destillateur will einen Trinkbranntwein von 35 Gewichtsprozenten herstellen und dazu 87 kg Sprit von 95 Gewichtsprozenten verwenden. Wieviel Kilogramm Trinkbranntwein erhält er und wieviel Kilogramm Wasser muß er zugießen?

A. $G_1 = 87$ kg, $p_1 = 95$, $p_2 = 35$, also $G_m = \dfrac{87 \cdot 95}{35} = 236{,}1$ kg und $G_2 = 236{,}1 - 87 = 149{,}1$ kg. Man muß demnach zu den 87 kg Sprit von 95 Prozent 149,1 kg Wasser hinzugießen und erhält alsdann 236,1 kg Branntwein von 35 Prozent.

B. Wenn jemand 87 kg 95 prozentigen Sprit besitzt, so hat er in diesen 87 kg $\dfrac{87 \times 95}{100} = 82{,}65$ kg reinen Alkohol. Nun will er einen Branntwein von 35 Prozent haben, das heißt, derselbe soll 35 kg reinen Alkohol in 100 kg Branntwein enthalten, dann enthielte er 1 kg Alkohol in $\dfrac{100}{35}$ kg Branntwein und die obigen 82,65 kg in $\dfrac{100}{35} \times 82{,}65 = 236{,}1$ kg Branntwein. Man erhält demnach aus 87 kg 95 prozentigen Branntwein durch Zugießen von Wasser 236,1 kg Branntwein von 35 Prozent. Der Wasserzusatz beträgt $236{,}1 - 87 = 149{,}1$ kg.

Bei dem zweiten Fall ist gegeben G_m und p_m sowie p_1, gesucht G_1 und G_2. Dann ist also

$$G_1 = \frac{G_m\,p_m}{p_1} \quad \text{und} \quad G_2 = G_m - G_1.$$

16. Beispiel: Zur Prüfung von Alkoholometern am Punkte 70 soll ein Aichungsbeamter 5 kg 70 prozentigen Spiritus herstellen. Er soll hierzu 95 prozentigen Sprit verwenden. Wieviel hat er von diesem zu nehmen und wieviel Wasser hat er zuzugießen?

A. $G_m = 5$ kg, $p_m = 70$, $p_1 = 95$, also $G_1 = \dfrac{5 \cdot 70}{95} = 3{,}68$ kg und $G_2 = 5 - 3{,}68 = 1{,}32$ kg. Zur Herstellung von 5 kg 70 prozentigen Spiritus gebraucht er also 3,68 kg 95 prozentigen Sprit, zu den 1,32 kg Wasser hinzugegossen werden.

B. Wenn der Aichmeister 5 kg 70 prozentigen Spiritus erhalten will, so muß er in diesen $\dfrac{5 \times 70}{100} = 3{,}5$ kg reinen Alkohol haben. Nun hat ein 95 prozentiger Sprit 95 kg reinen Alkohol in 100 kg Sprit, oder 1 kg reinen Alkohol in $\dfrac{100}{95}$ kg Sprit und die verlangten 3,5 kg in $\dfrac{100}{95} \times 3{,}5 = 3{,}68$ kg. Also müssen zu der Herstellung der 5 kg 70 prozentigen Spiritus 3,68 kg 95 prozentiger Sprit verwendet werden; was dann noch an den 5 kg fehlt, also $5 - 3{,}68 = 1{,}32$ kg, ist demnach Wasser. Es werden 3,68 kg 95 prozentigen Sprit mit 1,32 kg Wasser zusammen gegossen.

Der dritte Fall, beim Mischen nach Volumen immer der schwierigste, ist auch hier nicht schwerer zu lösen, wie die beiden vorhergehenden. Es ist gegeben G_1 und p_1, sowie p_2, gesucht G_m und p_m. Auch für diesen Fall reichen die Gleichungen 25 und 28 aus. Es wird:

$$G_m = G_1 + G_2 \quad \text{und} \quad p_m = \frac{G_1\,p_1}{G_m}.$$

17. Beispiel: Ein Faß Sprit von 92 Gewichtsprozenten, dessen Tara amtlich zu 45,4 kg ermittelt ist, ist soweit geleert, daß sein Bruttogewicht noch 225,7 kg beträgt, es sind darin also 180,3 kg Sprit als Rest übrig geblieben. Jetzt wird dasselbe mit Wasser vollgefüllt und zwar sind dazu 347,5 kg Wasser nöthig, wie die Bruttoverwiegung des gefüllten Fasses ergiebt. Wieviel Kilogramme Branntwein hat man jetzt und wie stark ist der Branntwein?

A. $G_1 = 180{,}3$, $p_1 = 92$, $G_2 = 347{,}5$ kg; also $G_m = 180{,}3 + 347{,}5 = 527{,}8$ kg und $p_m = \dfrac{180{,}3 \cdot 92}{527{,}8} = 31{,}4$ Prozent. Man erhält aus der Mischung von 180,3 kg 92 prozentigen Sprit mit 347,5 kg Wasser zusammen 527,8 kg Branntwein von 31,4 Gewichtsprozenten.

B. Die Gesammtmenge des Branntweins ergiebt sich schon aus der Bruttoverwiegung des gefüllten Fasses. Wäre indessen das aufgefüllte Wasser gesondert verwogen, so ist alsdann der Inhalt des Fasses, die Kilogrammzahl Branntwein, gleich der Summe der Bestandtheile, also gleich $180{,}3 + 347{,}5 = 527{,}8$ kg. Nun sind in den 180,3 kg Branntwein von 92 Prozent $\dfrac{180{,}3 \times 92}{100} = 165{,}88$ kg reinen Alkohol, weiterer Alkohol ist nicht hinzugekommen, also sind die 165,88 kg auch in den 527,7 kg Branntwein enthalten, also in 1 kg Branntwein $\dfrac{165{,}88}{527{,}8}$ und in 100 kg $\dfrac{165{,}88}{527{,}8} \times 100 = 31{,}4$ kg. Der Branntwein hat demnach eine wahre Stärke von 31,4 Gewichtsprozenten.

II,3. Das Mischen von Branntweinen untereinander.

Endlich seien noch einige Worte gesagt über das Mischen von Branntweinen unter einander, wozu die Gleichungen ja bereits am Anfang dieses Abschnittes gegeben worden sind. Es sind dies die Formeln 25 und 26, die nur für jeden einzelnen Fall umgestellt zu werden brauchen. Je nach den gegebenen Größen können 4 verschiedene von einander gesonderte Aufgaben beim Mischen vorkommen. Es sind dies die folgenden:

1. Gegeben ist die Gewichtsmenge und der Prozentgehalt der Mischung, sowie die wahren Stärken der zu mischenden Branntweine, gefragt die Gewichtsmengen, welche von jedem der beiden Branntweine genommen werden müssen. Oder, durch Zusammengießen zweier Branntweine bekannter Stärke soll eine bestimmte Kilogrammzahl eines mittleren Branntweins von bestimmter Stärke hergestellt werden. Wieviel Kilogramme muß man von jedem der beiden Branntweine verwenden?

2. Gegeben ist die Gewichtsmenge des stärksten Branntweins, seine wahre Stärke, sowie die wahre Stärke des schwächeren Branntweins und der Mischung, gefragt die Gewichtsmenge der Mischung, die man erhält und die Gewichtsmenge des schwächsten Branntweins. Oder, ein Branntwein von einer bestimmten Stärke soll in der Weise hergestellt werden, daß man zu einer bestimmten Kilogrammzahl eines hochprozentigen Branntweins von bestimmter Stärke schwachen Branntwein ebenfalls von bestimmter Stärke hinzugießt. Wieviel Kilogramme von dem schwachen Branntwein werden gebraucht und wieviel Kilogramm Mischung erhält man?

3. Gegeben die Gewichtsmenge des schwächsten Branntweins und die Prozentstärken aller drei Branntweine, gefragt die Gewichtsmenge des stärksten Branntweins, die zur Verwendung kommt und die Gewichtsmenge Mischung, welche man erhält. Oder, ein Branntwein von bestimmter Stärke soll in der Weise hergestellt werden, daß zu einer bestimmten Kilogrammzahl eines schwachen Branntweins von bestimmter Stärke ein hochprozentiger Branntwein ebenfalls von bestimmter Stärke hinzugegossen wird, wieviel Kilogramm dieses hochprozentigen Branntweins muß man nehmen und wieviel Kilogramme Mischung erhält man?

4. Gegeben die Gewichtsmengen zweier Branntweine, die mit einander gemischt werden und ihre wahren Stärken, gefragt die wahre Stärke und die Gewichtsmenge der Mischung. Oder, wenn man eine gewisse Kilogrammzahl eines hochprozentigen Branntweins von bestimmter Stärke mit einer gewissen Kilogrammzahl eines schwachprozentigen Branntweins ebenfalls bestimmter Stärke mit einander mischt, wieviel Kilogramme Mischung erhält man dann und wie stark ist diese.

Der zweite und dritte Fall besagen im Grunde genommen genau dasselbe, da es gleichgültig sein muß, ob man einen starken Branntwein verdünnt oder einen dünnen verstärkt, es handelt sich immer nur darum, einen starken und einen schwachen Branntwein zu mischen.

Im ersten Falle ist gegeben G_m, p_m, p_1, p_2, gesucht G_1 und G_2. Nach einigen ganz einfachen Entwicklungen, auf die hier wohl nicht eingegangen zu werden braucht, erhält man:

$$G_1 = G_m \cdot \frac{p_m - p_2}{p_1 - p_2} = G_m - G_2,$$

$$G_2 = G_m \cdot \frac{p_1 - p_m}{p_1 - p_2} = G_m - G_1.$$

18. Beispiel: Ein Liqueurfabrikant will sich 573 kg eines 42 prozentigen Aquavits herstellen. Neben seinem 95 prozentigen Feinsprit hat er noch einen größeren Posten 28 prozentigen Branntwein, den er gern bei dieser Gelegenheit mit verwenden möchte. Wieviel Kilogramm 95 prozentigen Sprit und wieviel Kilogramm 28 prozentigen Branntwein muß er nehmen?

A. $G_m = 573$ kg, $p_m = 42$, $p_1 = 95$, $p_2 = 28$,

$$G_1 = 573 \frac{42 - 28}{95 - 28} = 119{,}7 \text{ kg},$$

$$G_2 = 573 - 119{,}7 = 453{,}3 \text{ kg}.$$

B. Nehmen wir der Einfachheit wegen zunächst an, es seien nur 100 kg des 42 prozentigen Branntweins herzustellen, so kann man folgende Ueberlegung machen. Nähme man ausschließlich 28 prozentigen Branntwein, also 100 kg 28 prozentigen Branntwein, so würde der Prozentgehalt des stärksten Branntweins dadurch um $95 - 28 = 67$ Prozent erniedrigt sein. Um den 95 prozentigen Branntwein nur um 1 Prozent zu erniedrigen, braucht man also nur den 67. Theil, nämlich $\frac{100}{67}$ kg des 28 prozentigen Branntweins. Nun soll er nicht um 1 Prozent erniedrigt werden, sondern da man 42 prozentigen Branntwein herstellen will, um $95 - 42 = 53$ Prozent. Dazu braucht man auch 53 mal so viel wie für 1 Prozent, also $\frac{100 \times 53}{67}$ kg. Wenn man demnach 100 kg 42 prozentigen Branntwein herstellen will und benutzt dazu 95 prozentigen und 28 prozentigen Branntwein, so muß man von letzterem $\frac{100 \times 53}{67}$ kg nehmen. Zur Herstellung von 1 kg braucht man nur den 100. Theil, also $\frac{100 \times 53}{67 \times 100}$ kg, und zur Herstellung von 573 kg, 573 mal so viel, also $\dfrac{100 \times 53 \times 573}{67 \times 100} = \dfrac{53 \times 573}{67} = 453{,}3$ kg. Was nicht an 30 prozentigen Branntwein genommen wird, muß 95 prozentiger sein, also nimmt man von diesem $573 - 453{,}3 = 119{,}7$ kg.

Man hätte ebensogut die ganze Ueberlegung machen können, indem man von dem 95 prozentigen Sprit ausging. Benutzt man nur diesen, so wäre der 28 prozentige um 67 Prozent erhöht, während er nur auf 42, also um 14 Prozent erhöht werden soll, also darf man nur $100 \times \dfrac{14}{67}$ kg 95 prozentigen Branntwein anwenden, wenn man 100 kg 42 prozentigen Branntwein durch Zugießen von 28 prozentigen Branntwein gewinnen will. Für 573 kg braucht man dann $\dfrac{14 \times 573}{67} = 119{,}7$ kg, wie oben. (Siehe auch das folgende Beispiel 18.)

Beim zweiten Falle ist gegeben G_1 und p_1, sowie p_2 und p_m, gesucht G_1 und G_2. Hier erhält man wiederum unter alleiniger Benutzung der Gleichungen 25 und 26:

$$G_m = G_1 \, \frac{p_1 - p_2}{p_m - p_2} = G_1 + G_2.$$

$$G_2 = G_1 \, \frac{p_1 - p_m}{p_m - p_2} = G_m - G_1.$$

19. Beispiel: Ein Restaurateur will sich einen Kümmel mit Rum herstellen. Entsprechend dem Geschmack seiner Gäste soll derselbe 40 Gewichtsprozente haben. Nun will er dazu 24 kg Rum von 62 Prozent verwenden und außerdem Kümmel von 35 Prozent, die er gerade beide hat, wieviel muß er von dem Kümmel nehmen und wieviel Kümmel mit Rum erhält er?

A. $\quad G_1 = 24, \; p_1 = 62, \; p_2 = 35, \; p_m = 40,$

$$G_m = 24 \, \frac{62 - 35}{40 - 35} = 129{,}6 \text{ kg}, \quad G_2 = 129{,}6 - 24 = 105{,}6 \text{ kg oder}$$

$$G_2 = 24 \, \frac{62 - 40}{40 - 35} = 105{,}6 \text{ kg}, \quad G_m = 24 + 105{,}6 = 129{,}6 \text{ kg}.$$

Es müssen also zu den 24 kg Rum noch 105,6 kg Kümmel hinzugegossen werden und man erhält alsdann 129,6 kg Kümmel mit Rum von 40 Gewichtsprozenten wahrer Stärke.

B. Würde man ausschließlich Rum von 62 Prozent verwenden, so würde man den gewünschten Prozentgehalt um 22 Prozent überschreiten, nähme man andrerseits nur den Kümmel von 35 Prozent, so würde man um 5 Prozent hinter dem gewünschten Prozentgehalt der Mischung zurückbleiben. Man wird also beide Branntweine im Verhältnisse von 5 zu 22 mischen müssen, um auf 40 Prozent zu kommen, d. h. auf je 5 kg Rum wird man 22 kg Kümmel nehmen, auf je 1 kg Rum $\frac{22}{5}$ kg Kümmel, also auf die 24 kg Rum $24 \times \frac{22}{5} = 105{,}6$ kg Kümmel. Von der Mischung erhält man alsdann $105{,}6 + 24 = 129{,}6$ kg.

In derselben Weise, mit Hülfe der Mischungsrechnung hätte man übrigens auch das Beispiel 17 berechnen können. Nimmt man ausschließlich 95 prozentigen Sprit, so würde man den gewünschten Gehalt von 42 Prozent um 53 Prozent überschreiten, nimmt man dagegen nur 28 prozentigen Branntwein, so würde man hinter dem gewünschten Gehalt von 42 Prozent um 14 Prozent zurückbleiben, also wird man die beiden Branntweine im Verhältniß von 53 zu 14 mischen müssen, also auf je 14 kg 95 prozentigen Branntwein je 53 kg 28 prozentigen nehmen. In 67 kg Mischung sind 14 kg 95 prozentiger Sprit und 53 kg 28 prozentiger Branntwein, daher in 1 kg der 67. Theil, nämlich $\frac{14}{67}$ kg 95 prozentiger Sprit und $\frac{53}{67}$ kg 28 prozentiger Branntwein, und in den 573 kg Mischung 573 mal so viel, d. h. $\frac{14}{67} \times 573 = 119{,}7$ kg 95 prozentiger Branntwein und $\frac{53}{67} \times 573 = 453{,}1$ kg 28 prozentiger Branntwein.

Beim dritten Fall soll ein schwacher Branntwein durch Zugießen eines stärkeren gehaltreicher gemacht werden, es ist gegeben G_2 und p_2, sowie p_1 und p_m, gesucht G_m und G_2. Es ist

$$G_m = G_2 \, \frac{p_1 - p_2}{p_1 - p_m} = G_2 + G_1,$$

$$G_1 = G_2 \, \frac{p_m - p_2}{p_1 - p_m} = G_m - G_2.$$

20. Beispiel: Bei einem Spiritushändler ist ein Faß 88 prozentiger Branntwein bestellt. Der Händler hat gerade noch 163 kg 72 prozentigen Branntwein, den er jetzt durch Zugießen von 95 prozentigen Branntwein zu 88 prozentigen verstärken will. Wieviel Kilogramm muß er von dem letzteren zugießen und wieviel Kilogramm 88er erhält er?

A. Hier ist $G_2 = 163$, $p_1 = 95$, $p_2 = 72$, $p_m = 88$,

$$G_m = 163 \, \frac{95 - 72}{95 - 88} = 535{,}6 \text{ kg},$$

$$G_1 = 163 \, \frac{88 - 72}{95 - 88} = 372{,}6 \text{ kg},$$

d. h., man muß zu den 163 kg 72 prozentigen Branntwein noch 372,6 kg 95 prozentigen hinzugießen und erhält dann 535,6 kg 88 prozentigen Branntwein.

B. Nähme man ausschließlich 72 prozentigen Branntwein, so bliebe man hinter dem verlangten Prozentgehalt um 16 Prozent zurück, nähme man dagegen ausschließlich 95 prozentigen Sprit, so überschritte man den Prozentgehalt um 7 Prozent, man wird also die beiden Branntweine im Verhältniß von 16 zu 7 mischen müssen. Man muß auf je 7 kg 72 prozentigen Branntwein 16 kg 95 prozentigen nehmen. Auf 1 kg also $\frac{16}{7}$ kg und auf 163 kg 72 prozentigen Branntwein

$$163 \times \frac{16}{7} = 372{,}6 \text{ kg} \quad 95 \text{ prozentigen Sprit.}$$

Man erhält dann $163 + 372,6 = 535,6$ kg Branntwein von 88 Gewichtsprozenten.

Für den vierten und letzten Fall endlich sind gegeben G_1, p_1, G_2, p_2, gesucht G_m, p_m. Es ist:

$$G_m = G_1 + G_2$$

$$p_m = \frac{G_1 \, p_1 + G_2 \, p_2}{G_m}.$$

21. Beispiel: Ein Spiritushändler hat zwei theilweise aufgebrauchte Spiritusposten, die eine beträgt 98 kg von 91 Prozent wahrer Stärke, die andere 64 kg von 53 Prozent wahrer Stärke. Um wenigstens ein Gebinde leer zu bekommen, gießt er beide Sorten zusammen. Wieviel Kilogramm Branntwein erhält er und wie stark ist die Mischung?

A.
$$G_m = 98 + 64 = 162 \text{ kg}$$

$$p_m = \frac{98 \cdot 91 + 64 \cdot 53}{162} = 76{,}0 \text{ Prozent.}$$

Wenn man 98 kg Branntwein von 91 Prozent mit 64 kg von 53 Prozent zusammengießt, so erhält man hiernach 162 kg Branntwein von 76,0 Gewichtsprozenten.

B. Wenn man 98 kg Branntwein, gleichviel welcher Stärke, mit 64 kg zusammengießt, so erhält man unter allen Umständen $98 + 64 = 162$ kg Mischung. Im vorliegenden Falle sind nun in den 98 kg, da der Branntwein 91 prozentig ist, $\dfrac{98 \times 91}{100} = 89{,}18$ kg reiner Alkohol und in den 64 kg 53 prozentigen Branntwein $\dfrac{64 \times 53}{100} = 33{,}92$ kg reiner Alkohol. Zusammen sind daher in der Mischung, den 162 kg Branntwein $89{,}18 + 33{,}92 = 123{,}10$ kg reiner Alkohol. In 1 kg sind daher $\dfrac{123{,}10}{162}$ kg reiner Alkohol und in 100 kg $\dfrac{123{,}10}{162} \times 100 = 76{,}0$ kg reiner Alkohol. Demnach hat die Mischung eine wahre Stärke von 76,0 Gewichtsprozenten.

Damit sind alle Aufgaben erschöpft, welche beim Mischen von Branntwein nach Gewicht unter Benutzung des Gewichtsalkoholometers vorkommen können.

III. Das Mischen nach Maaß mit dem Gewichtsalkoholometer.

In den beiden vorangegangenen Kapiteln war von der Voraus= setzung ausgegangen worden, daß man beim Mischen nach Maaß auch zur Bestimmung der Alkoholstärke jedesmal das Volumenalkoholometer in Anwendung bringt, beim Mischen nach Gewicht dagegen das Gewichts= alkoholometer. So selbstverständlich diese Annahme auch erscheint, so trifft sie doch nicht immer zu, aus dem einfachen Grunde, weil die Volumenalkoholometer nach und nach aus dem Verkehr verschwinden müssen. Wenn auch jetzt noch eine Anzahl von Glasinstrumenten= fabrikanten eine größere Menge geaichter Trallesinstrumente in ihren Lagerbeständen aufzuweisen haben, so findet doch keine Neuaichung mehr statt, und bei der schnellen Abnutzung, der gläserne Apparate wegen ihrer leichten Zerbrechlichkeit naturgemäßer Weise unterworfen sind, wird die Neuanschaffung von Volumenalkoholometern mit jedem Jahre schwieriger, und die Zeit wird nicht mehr fern sein, wo sie über= haupt unmöglich ist. Dann kann man also nur noch mit dem Gewichts= alkoholometer die wahren Stärken der Branntweine feststellen, und man müßte daher auch folgerichtig das Mischen nach Gewicht allein vor= nehmen. Sicherlich wird dann sich der Uebergang zu diesem Verfahren vollziehen. Zunächst freilich wird sich die Praxis dagegen sträuben, denn der Mensch klebt nun einmal am Althergebrachten und von den Vätern Uebernommenem, und nur sehr allmählich erst bricht sich das Neue Bahn. In der Uebergangsperiode aber wird oft genug die Aufgabe vorkommen, daß man zwar gerne nach Maaß mischen möchte, aber

nicht weiß, was man dabei mit seinem Gewichtsalkoholometer an=
fangen soll.

Es war schon erwähnt, daß an und für sich die Bestimmung des
Alkoholgehaltes ganz unabhängig davon ist, wie man sich vorher seinen
Branntwein zusammengestellt hat, Schwierigkeiten treten nur dann auf,
wenn das Resultat, welches man beim Mischen erhalten will, ein vor=
her genau vorgeschriebenes ist, wenn man die Stärke oder Litermenge
des Endproduktes vorher berechnen will. Unüberwindlich sind diese
Schwierigkeiten durchaus nicht, und für den Theoretiker ist es ein
Leichtes, auch für diesen Fall die nöthigen Formeln und Gleichungen
aufzustellen; für den Praktiker giebt es zwei Wege sich aus der Ver=
legenheit zu helfen. Entweder man verwandelt sich mit Hülfe der
„Tafel zur Umrechnung der Volumenprozente in Gewichtsprozente und
der Gewichtsprozente in Volumenprozente bei Branntweinen". Nach
den amtlichen Zahlen der Kaiserlichen Normal=Aichungs=Kommission be=
rechnet von Dr. F. Plato (Berlin, Verlag von Julius Springer, 1894),
die Angaben des Gewichtsalkoholometers in solche des Volumen=
alkoholometers. Dann ist man von dem Gewichtsalkoholometer unab=
hängig geworden und kann seine Mischung genau nach den Vorschriften
des ersten Abschnittes vornehmen. Diesen Ausweg wird man sicher
immer da wählen, wo der Käufer für das fertige Produkt einen be=
stimmten Gehalt nach Volumenprozenten vorgeschrieben hat. Oder aber
man verwandelt sich alle Literangaben in Kilogramme, rechnet genau
nach den Vorschriften des zweiten Abschnittes über das Mischen nach
Gewicht mit dem Gewichtsalkoholometer und verwandelt nachher die
Kilogramme wieder rückwärts in Liter. Natürlich müssen hierbei auch
alle Volumenprozente in Gewichtsprozente umgewandelt werden.

Für diesen Zweck sind die Tafeln 5 und 6 berechnet. Tafel 5
giebt an, wieviel Liter Branntwein bei verschiedenen Stärken auf ein
Kilogramm gehen. Sie schreitet fort nach Zehntelprozenten der wahren
Stärke. In der ersten Längsspalte stehen die ganzen Prozente, in der
ersten Querzeile die Zehntelprozente. Da wo eine Spalte und eine Zeile
sich kreuzen, findet man die Anzahl Liter, welche auf 1 kg eines Brannt=
weins gehen, welcher eine wahre Stärke in Gewichtsprozenten gleich den
nebenstehenden Ganzen und obenstehenden Zehntelprozenten hat. Die
Tafel umfaßt drei Seiten.

Ebenso ausgedehnt ist Tafel 6. Sie ist genau so eingerichtet, wie
Tafel 5, nur giebt sie an, wieviel Kilogramme 1 l Branntwein einer
gewissen Stärke wiegt. Die Anwendung wird durch ein Beispiel leicht
ersichtlich werden.

22. Beispiel: Ein Spiritushändler soll 350 l Spiritus von
75 Volumenprozenten liefern. Wie er mit seinem Gewichtsalkoholometer

feststellt, hat er nur einen Sprit von 91 Gewichtsprozenten. Wieviel Liter muß er von diesem nehmen und wieviel Liter Wasser muß er noch zugießen?

A. Wenn man die vorangegangenen Beispiele ansieht, so wird man sehen, daß Beispiel 22 genau dem Beispiel 5 entspricht, nur daß hier die Stärke des zu verdünnenden Branntweins in Gewichtsprozenten gegeben ist. Nun findet man mit Hülfe der „Tafel 2" in dem genannten Tafelwerk, daß 91 wahre Gewichtsprozente gleich 94,0 Volumenprozenten sind. Man hat also jetzt die folgende Ueberlegung zu machen.

Nach Tafel 3 entstehen aus 100 l 94 prozentigen Spiritus durch Zugießen von Wasser 125,3 l eines 75 prozentigen Branntweins, also entsteht 1 l aus $\dfrac{100}{125,3}$ l und die verlangten 350 l des 75 prozentigen Branntweins verlangen zu ihrer Herstellung $\dfrac{100}{125,3} \times 350 = 279,3$ l des Sprits von 91 Gewichtsprozenten. Nach Tafel 4 muß man zu 100 l eines 94 prozentigen Sprits 28,0 l Wasser hinzugießen, wenn man ihn auf 75 Prozent verdünnen will, also zu 1 l nur $\dfrac{28,0}{100}$ l und zu 279,3 l alsdann $\dfrac{28,0}{100} \times 279,3 = 78,2$ l Wasser. Wenn man also 350 l eines Branntweins von 75 Volumenprozenten aus einem Sprit von 91 Gewichtsprozenten durch Zugießen von Wasser herstellen will, so muß man zu 279,3 l des Sprits 78,2 l Wasser hinzufügen.

B. Nach „Tafel 1" der Umrechnungstafel sind 75 Volumenprozente gleich 67,9 Gewichtsprozenten. Nach Tafel 6 wiegt 1 l Branntwein von 67,9 Gewichtsprozenten 0,8754 kg, also 350 l wiegen $350 \times 0,8754 = 306,4$ kg. Die Aufgabe lautet also jetzt:

Es sollen 306,4 kg 67,9 prozentiger Branntwein aus 91 prozentigem durch Zugießen von Wasser hergestellt werden, wieviel Kilogramm Sprit und wieviel Kilogramm Wasser muß man nehmen?

Das ist dieselbe Aufgabe, wie sie im Beispiel 15 berechnet ist. Wenn man 306,4 kg 67,9 prozentigen Branntwein herstellen will, so wird man in diesen $306,4 \times \dfrac{67,9}{100}$ kg $= 208,0$ kg reinen Alkohol haben. Nun hat 91 prozentiger Sprit 91 kg reinen Alkohol in 100 kg Branntwein, 1 kg reinen Alkohol in $\dfrac{100}{91}$ kg, und die verlangten 208,0 kg in $\dfrac{100}{91} \times 208,0 = 228,6$ kg Branntwein. Also nimmt man, um 306,4 kg 67,9 prozentigen Branntwein herzustellen, 228,6 kg 91 prozentigen Sprit und $306,4 - 228,6 = 77,8$ kg Wasser. Schlägt man in Tafel 5 nach, so wird man finden, daß 1 kg 91 prozentiger Branntwein gleich 1,2223 l sind, also 228,6 kg gleich 228,6 × 1,2223 = 279,4 l. Beim Wasser können die Kilogramme und Liter als gleich angenommen werden, also hat man zu mischen 279,4 l Sprit von 91 Gewichtsprozenten mit 77,8 l Wasser, um 350 l Branntwein von 75 Volumenprozenten zu erhalten, ganz wie bei der Berechnung A. Die Unterschiede liegen hauptsächlich in den Abrundungen beim Uebergang von Volumen= prozenten auf Gewichtsprozente und umgekehrt.

Diese letztere Art der Berechnung wird man überall da anwenden, wo der Prozentgehalt der verlangten Mischung ebenfalls nach Gewichts= prozenten angegeben ist. Bei dieser Aufgabe fällt dann die eine Rechen= operation, das Umwandeln der wahren Volumen in wahre Gewichts= prozente fort.

Endlich kann auch noch der Fall eintreten, daß alle Anforderungen der Gewichtspraxis entsprechen, daß also die Lieferung einer bestimmten Gewichtsmenge Spiritus von verlangter Stärke nach Gewichtsprozenten in Auftrag gegeben wird, während dem Verkäufer weder bei Herstellen der Mischung noch auch beim Verkaufe selbst eine Waage zur Verfügung steht, weil er sonst in seinem Betriebe keiner solchen benöthigt. Dann werden die beiden Tafeln 5 und 6 aus der Verlegenheit helfen. Man berechnet zunächst alles, als ob es sich um Gewichte handelte und wandelt erst am Schluß die Kilogramme in Liter um.

23. Beispiel: Ein Spiritushändler soll 125 kg Spiritus von 66 Gewichtsprozenten liefern. Er hat in seinen Beständen Sprit von 90 Gewichtsprozenten und Branntwein von 54 Gewichtsprozenten. Wieviel Liter muß er von jeder Sorte nehmen?

Erst fragt man jetzt, wieviel Kilogramme muß er nehmen, man hat dann denselben Fall wie bei dem 18. Beispiel. Die Zwischen= rechnung kann daher wohl übergangen werden, man erhält das Resultat, daß von dem 90 prozentigen Sprit 41,67 kg genommen werden müssen und von dem 54 prozentigen 83,33 kg. Mit diesen Werthen geht man jetzt in die Tafel 5. Man findet dort, daß 1 kg 90 prozentiger Sprit 1,2183 l enthält, also 41,67 kg = 41,67 × 1,2183 = 50,77 l, ferner ent= hält 1 kg 54 prozentiger Branntwein 1,1020 l, also 83,33 kg gleich 83,33 × 1,1020 = 91,83 l. Man hat demnach, wenn man 125 kg Spiritus von 66 Gewichtsprozenten aus Branntwein von 90 und Branntwein von 54 Gewichtsprozenten herstellen will, von ersterem 50,77 l und von letzterem 91,83 l zu nehmen.

Eine Probe auf das Exempel läßt sich einfach machen. Nach der „Tafel zur Umrechnung —" sind 54 Gewichtsprozente gleich 61,9 Volumenprozenten, 66,0 Gewichtsprozente = 73,3 Volumenpro= zenten und 90,0 Gewichtsprozente = 93,3 Volumenprozenten. Nach

Tafel 5 sind 125 kg = 142,08 l. Hat man diese Zahlen, so kann man
sich mit Hülfe von Tafel 1 ausrechnen, wieviel Alkohol und Wasser in
jeder der beiden Mischflüssigkeiten und wieviel in der Mischung sind.
Stimmen beide Resultate überein, so ist die Rechnung richtig. Nach
Tafel 1 hat man in 100 l eines Branntweins

von 61,9 pCt. 41,79 l Wasser, also in 91,83 l 38,38 l Wasser u. 56,84 l Alkohol
  „ 93,3   „   8,18 l   „   „   „ 50,77 l 4,15 l   „   „ 47,37 l   „
———————————————————————————————————————
zusam. in der Mischung beider, den 142,60 l 42,53 l Wasser u. 104,21 l Alkohol.

Es müssen sein in den 125 kg = 142,08 l 73,3 prozentiger Branntwein,

da in 100 l 29,99 l Wasser sind, ... ̈. 42,61 l Wasser u. 104,14 Alkohol.

Das berechnete Resultat stimmt also mit dem wahren Resultat, —
die Zusammensetzung der Mischung, wie sie sich aus den beiden Misch=
flüssigkeiten berechnet, mit der wahren Zusammensetzung bis auf wenige
Hundertelliter überein. Nebenbei ersieht man, daß die Kontraktion
142,60—142,08 = 0,52 l beträgt.

Ueberall da, wo es sich nur um die Verdünnung eines zu starken
Branntweines durch Wasser handelt, wird man die Berechnungsweise,
wie sie in dem 22. Beispiele A gegeben ist, anwenden, denn die Er=
leichterung, welche bei derartigen Aufgaben durch die Tafeln 3 und 4
gewährt wird, ist eine sehr bedeutende; in jedem Falle wird man diese
Rechenform vorziehen, wenn obenein die Menge der Mischung nach
Litern und ihr Prozentgehalt nach Volumenprozenten gegeben ist.
Anders ist es, wenn zwei Branntweine untereinander gemischt werden
sollen. Hierbei bietet die Benutzung der Tafeln 3 und 4 allerdings
noch einige Vortheile, aber immerhin bleibt die ganze Rechnung noch
schwierig genug und wird manchem zu umständlich vorkommen. Es
scheint daher angebrachter, bei derartigen Aufgaben in jedem Falle die
zweite Rechenform, wie sie das 22. Beispiel B und das 23. Beispiel er=
läutern, zu wählen; selbst dann, wenn die Menge der Mischung nach
Litern und ihr Prozentgehalt nach Volumenprozenten verlangt ist. Soll
aber eine bestimmte Gewichtsmenge eines Branntweins von einer ge=
wissen Stärke nach Gewichtsprozenten hergestellt werden, so ist über=
haupt kein Zweifel darüber, daß man sich für die zweite Methode der
Berechnung zu entscheiden hat. Wenn dabei auch nicht an Arbeit ge=
spart wird, da bei beiden Methoden die Anzahl der vorzunehmenden
rechnerischen Operationen nahe die gleiche ist, so ist doch die zweite von
einer Einfachheit und Durchsichtigkeit, daß ihre Ueberlegenheit jedem
einleuchten muß.

IV. Das Mischen nach Gewicht mit dem Volumenalkoholometer.

Der Vollständigkeit wegen sei auch noch des Mischens nach Gewicht mit dem Volumenalkoholometer gedacht. Dazu wird man schreiten einerseits, wenn der Käufer eine bestimmte Anzahl Kilogramme eines Branntweins von bestimmter Stärke nach Gewichtsprozenten verlangt, während der Verkäufer zwar eine Waage aber kein Gewichtsalkoholometer hat. Andrerseits wird die Erkenntniß von der großen Ungenauigkeit des Mischens nach Maaß im Laufe der Zeit sich sicherlich soweit Bahn brechen, daß man auch bei der Benutzung des Volumenalkoholometers zu der Bestimmung des Prozentgehaltes, die Mischung selbst dennoch nach Gewicht vornimmt. Endlich wird so mancher, der mangels einer Waage nicht nach Gewicht mischen kann, doch des Vortheils theilhaftig werden wollen, der in der Einfachheit der Berechnung der Mischung nach Gewicht liegt, und zwar nach Maaß mischen, aber nach Gewicht berechnen.

Der erste Fall ist sehr einfach, man wandelt die Angaben seines Volumenalkoholometers in wahre Stärken nach Gewichtsprozenten um und verfährt alsdann nach den Vorschriften des zweiten Abschnittes.

Im zweiten Falle kann es eintreten, daß der Käufer, da ja vorausgesetzt ist, daß die Gehaltermittelung auch der fertigen Waare mit dem Volumenalkoholometer vorgenommen wird, auch die Menge nach Litern angegeben haben will. In diesem Falle hat man neben der Umwandlung aller Angaben des Volumenalkoholometers in solche des Gewichtsalkoholometers auch noch bevor man an die Mischung geht, die verlangte Literzahl mit Hülfe der Tafel 6 in Kilogramme umzuwandeln, und kann dann erst nach den Vorschriften des zweiten Abschnittes mischen.

Bei dem dritten Fall liegt die Sachlage ähnlich, wie bei dem 23. Beispiel, man hat hier alle Volumenprozentangaben in wahre Stärken nach Gewichtsprozenten und alle Liter in Kilogramme umzuwandeln, um zum Schluß rückwärts mit Tafel 5 aus den Kilogrammen die Liter wieder zu erhalten. Um diesen schwierigsten Fall zum bessern Verständniß zu bringen, sollen zwei Beispiele des ersten Abschnitts noch nach dieser Methode berechnet werden.

Bei dem Mischen nach Maaß wird die Rechnung allemal dann unbequem, wenn nach dem Prozentgehalt und der Litermenge der Mischung gefragt wird; wir wählen daher zuerst das 10. Beispiel.

24. Beispiel: Es hat ein Spiritushändler zwei theilweise geleerte Fässer mit Branntwein; in dem einen sind noch 60 l eines 75 (volumen) prozentigen Branntweins, in dem anderen noch 45 l eines 50 (volumen) prozentigen Branntweins. Um seine Fässer leer zu bekommen, gießt

er beide Sorten zusammen. Wieviel Liter Mischung erhält er und wie stark ist dieselbe?

Nach „Tafel 1" der Umrechnungstafel erhält man:

$$75 \text{ Volumenprozente} = 67{,}9 \text{ Gewichtsprozente}$$
$$50 \quad\text{\textdblquote}\quad = 42{,}5 \quad\text{\textdblquote}$$

ferner wiegen nach den Angaben von Tafel 6:

$$60\,l \text{ Branntwein von } 67{,}9 \text{ Prozent } 60 \times 0{,}8754 = 52{,}524\,\mathrm{kg}$$
$$45\,l \quad\text{\textdblquote}\quad\text{\textdblquote}\; 42{,}5 \quad\text{\textdblquote}\quad 45 \times 0{,}9324 = 41{,}958\,\mathrm{kg}$$

Jetzt lautet also die Aufgabe: Wenn man 52,524 kg eines 67,9 prozentigen Branntweins mit 41,958 kg eines 42,5 prozentigen Branntweins mischt, wieviel Kilogramm Mischung erhält man und wie stark ist dieselbe. Die Aufgabe ist die gleiche wie im 20. Beispiel.

Man erhält zunächst $52{,}524 + 41{,}958 = 94{,}482$ kg Mischung. Ferner sind in 52,524 kg Branntwein von 67,9 Prozent $\dfrac{52{,}524 \times 67{,}9}{100} = 35{,}664$ kg reiner Alkohol und in 41,958 kg eines 42,5 prozentigen Branntweins $\dfrac{41{,}958 \times 42{,}5}{100} = 17{,}833$ kg reiner Alkohol. Also hat man zusammen in den 94,482 kg Mischung 53,497 kg reinen Alkohol; und in 100 kg $\dfrac{100 \times 53{,}497}{94{,}482} = 56{,}62$ kg. Also hat die Mischung eine wahre Stärke von 56,62 Gewichtsprozenten. Nach Tafel 5 sind 94,482 kg eines 56,6 prozentigen Branntweins (die Hundertelprozente kann man fortlassen) gleich $94{,}482 \times 1{,}1092 = 104{,}8\,l$. Endlich sind 56,6 Gewichtsprozente $= 64{,}4$ Volumenprozenten. Also wenn man 60 l eines 75 (volumen) prozentigen Branntweins mit 45 l eines 50 (volumen) prozentigen Branntweins zusammengießt, so erhält man 104,8 l eines Branntweins von 64,4 (Volumen) Prozenten. Genau wie im 10. Beispiel.

Als zweites Beispiel soll das 9. Beispiel gewählt werden, weil bei diesem die Berechnung mit Hülfe der Tafeln 3 und 4 ziemlich umständlich ist.

25. Beispiel. Ein Destillateur hat einen Posten von 145 l eines 32 (volumen) prozentigen Trinkbranntweins auf Lager. Da dieser dem Geschmacke seiner Käufer zu weichlich erscheint, so will er ihn seinen Kunden dadurch mundgerecht machen, daß er ihn durch Zugießen von 95 prozentigen Sprit auf 40 (Volumen) Prozent verstärkt. Wieviel Liter Feinsprit wird er zugießen müssen und wieviel Liter wird er von dem neuen 40 prozentigen Branntwein erhalten?

Nach „Tafel 1" der Umrechnungstafeln bekommt man

$$32 \text{ Vol.-Proz.} = 26{,}4 \text{ Gew.-Proz.} \quad 40 \text{ Vol.-Proz.} = 33{,}4 \text{ Gew.-Proz.}$$
$$95 \text{ Vol.-Proz.} = 92{,}4 \text{ Gew.-Proz.}$$

Ferner sind nach den Angaben der Tafel 6

145 l Branntwein von 26,4 Gew.-Proz. = 145 × 0,9610 = 139,35 kg.

Man hat also jetzt die Aufgabe:

139,35 kg eines 26,4 prozentigen Branntweins sollen durch 92,4-prozentigen Sprit auf 33,4 Prozent verstärkt werden. Wie viel Kilogramm Sprit muß man nehmen und wie viel Kilogramm Mischung erhält man? Das ist die gleiche Aufgabe, wie sie in dem 20. Beispiel vorliegt.

Würde man ausschließlich 92,4 prozentigen Sprit nehmen, so würde man den gewünschten Prozentgehalt um 59,0 Prozent überschreiten, nähme man andrerseits nur 26,4 prozentigen Branntwein, so bliebe man um 7,0 Prozent hinter dem gewünschten Prozentgehalt zurück. Man wird also beide Branntweine im Verhältniß von 7,0 zu 59,0 mischen müssen, wenn man auf 33,4 kommen will, d. h. auf 59,0 kg 26,4 prozentigen Branntwein wird man je 7,0 kg Sprit nehmen müssen. Auf 1 kg Branntwein nimmt man also

$$\frac{7,0}{59,0} \text{ kg und auf } 139,35 \text{ kg } 139,35 \times \frac{7,0}{59,0} = 16,53 \text{ kg}$$

Sprit von 92,4 Prozent. Man erhält dann 139,35 + 16,53 = 155,88 kg Mischung.

Nun sind 155,88 kg Branntwein von 33,4 Gewichtsprozenten nach Tafel 5 gleich 155,88 × 1,0529 = 164,1 l. Man erhält also 164,1 l Branntwein von 33,4 Gewichtsprozenten oder 40 Volumenprozenten. Ferner sind 16,53 kg Sprit von 92,4 Prozent gleich 16,53 × 1,2281 = 20,30 l. Man muß also 20,3 l des Sprits von 92,4 Gewichtsprozenten oder 95 Volumenprozenten nehmen. Das Resultat ist, abgesehen von den Abrundungsfehlern, die nur wenige Hundertelliter betragen, das gleiche, wie im 9. Beispiel.

Vom Interpoliren.

Es wird vielleicht dem einen oder anderen Leser aufgefallen sein, daß fast überall in den Beispielen, wenigstens beim Mischen nach Maaß die wahren Stärken nur nach ganzen Prozenten angegeben sind. Der Grund liegt darin, daß die theilweise schon an und für sich nicht ganz einfachen Rechnungen nicht durch Mitnahme der Zehntelprozente noch weiter komplizirt werden sollten. Beim Mischen nach Gewicht ist es vollkommen gleichgültig, wieviel Stellen hinter dem Komma, — Zehntel-, Hundertel- oder Tausendtelprozente, — man mitnimmt, hier handelt es sich nur um einfache Rechenoperationen. Ob man durch 42 oder durch 42,75 dividirt, ist für die Berechnungsmethode dasselbe, man hat in beiden

Fällen nur eine einfache Division vorzunehmen. Anders ist es da, wo man zur Anwendung von Tafeln schreiten muß. Für die Praxis ist das Zehntelprozent bei der Gehaltsermittelung vollkommen ausreichend, wer noch weitergehende Genauigkeiten verlangt, kann mit den Formeln selbst rechnen, soweit er es eben für seine Zwecke nöthig hat. Die Tafeln sind daher, wo es möglich war, so eingerichtet, daß sie nach Zehntel= prozenten der wahren Stärken fortschreiten, so daß man alle Angaben ohne Weiteres aus den Tafeln entnehmen kann. So sind die Tafeln 1, 2, 5 und 6. Bei den Tafeln 3 und 4 konnte nur nach ganzen Prozenten fortgeschritten werden, da sonst die Tafeln den hundertfachen Umfang bekommen und zusammen für sich allein den Raum von 2000 Seiten eingenommen hätten. Dadurch würde vorliegendes Werkchen doch wohl etwas zu umfangreich geworden sein, die Tafeln haben daher ihre jetzige Ausdehnung erhalten, und für die zwischenliegenden Werthe muß man zur Interpolation schreiten.

Die Interpolation kann eine einfache oder eine doppelte sein, nur nach einer, oder nach zwei Richtungen hin nöthig werden. Eine ein= fache Interpolation war bereits im 3. Beispiel durchgeführt. Will man für einen Prozentgehalt, der auf Zehntelprozente die wahre Stärke angiebt, einen Werth aus den Tafeln 3 oder 4 entnehmen, so nimmt man zunächst die beiden Werthe für die umschließenden Prozente, das nächstniedere und das nächsthöhere Ganzeprozent, bildet die Differenz beider und multiplizirt diese Differenz mit der Anzahl der Zehntelpro= zente. Das gefundene Produkt wird zu dem Tafelwerth für das nächst= niedere Prozent zugezählt, dann hat man den gesuchten Werth.

26. Beispiel: Wieviel Liter Branntwein erhält man, wenn man 100 l 91,4 prozentigen Branntwein auf 56 prozentigen Branntwein verdünnt?

Die umschließenden ganzen Prozente sind 91 (das nächstniedere Prozent) und 92 (das nächsthöhere Prozent). Es beträgt nach Tafel 3 die Litermenge Branntwein von 56 Prozent bei der Verdünnung von

$$\left.\begin{array}{l} 100 \text{ l Branntwein von } 91 \text{ Prozent } 162{,}5 \text{ l}, \\ 100 \text{ l } \quad\quad \text{ „ } \quad\quad \text{ „ } \quad 92 \text{ Prozent } 164{,}3 \text{ l}, \end{array}\right\} \text{Differenz } 1{,}8 \text{ l}.$$

Jetzt multiplizirt man $1{,}8 \text{ l} \times \dfrac{4}{10} = 0{,}72 \text{ l}$ und fügt hinzu $162{,}5 +$ $0{,}7 = 163{,}2 \text{ l}$, so hat man gefunden, daß aus 100 l 91,4 prozentigem Branntwein bei Verdünnung durch Wasser auf 56 Prozent 163,2 l Branntwein entstehen.

Man kann auch so überlegen: Bei 91 prozentigem Branntwein erhält man aus 100 l bei der Verdünnung auf 56 Prozent 162,5 l. Wäre die wahre Stärke ein ganzes Prozent höher, also 92 Prozent, so erhält man $164{,}3 - 162{,}5 = 1{,}8\,\mathrm{l}$ mehr; wäre sie nur ein Zehntelprozent höher, so erhält man auch nur ein Zehntel dieses Betrages, also $\frac{1{,}8}{10}\,\mathrm{l}$ mehr. Nun ist die wahre Stärke aber $^4/_{10}$ Prozent höher, also bekommt man $4 \times \frac{1{,}8}{10} = 0{,}7\,\mathrm{l}$ mehr, d. h. $162{,}5 + 0{,}7 = 163{,}2\,\mathrm{l}$.

Wird auch noch die Stärke des verdünnten Branntweins auf Zehntelprozente genau verlangt, so muß man doppelt interpoliren; nicht nur, wie in dem 25. Beispiel, von rechts nach links, sondern auch noch von oben nach unten, und zwar sind im ganzen drei Interpolationen auszuführen.

Man entnimmt der Tafel für den zu verdünnenden Branntwein erst für das nächstniedere Prozent zwei Werthe für den verdünnten Branntwein, nämlich für die beiden umschließenden Prozente; das gleiche thut man für das nächsthöhere Prozent des zu verdünnenden Branntweins. Man hat also im ganzen 4 Werthe entnommen. Aus diesen interpolirt man für den zu verdünnenden Branntwein, wie im vorigen Beispiel, zwei Werthe, einen für den nächsthöheren Prozentgehalt des verdünnten Branntweins und einen für den nächstniederen. Aus diesen beiden Werthen wird endlich die Zahl für den verdünnten Branntwein in gleicher Weise interpolirt, wie es oben für den hochprozentigen geschehen ist. Das klingt etwas verwickelt, ist aber nur höchst einfach, wie ein Beispiel lehren wird.

27. Beispiel: Wieviel Liter Wasser muß man zu 100 l eines 88,3=prozentigen Spiritus hinzugießen, wenn man einen 41,7 prozentigen Branntwein erhalten will?

Nach Tafel 4 muß man zusetzen zu 100 l bei der Verdünnung von

88 prozentigen Branntwein auf 41 Proz. 119,9 l — auf 42 Proz. 114,7 l
89   „   „   „ 41   „   122,6 l — „ 42   „ 117,3 l
                        Differenz   2,7 l   2,6 l.

$$2{,}7 \times \frac{3}{10} = 0{,}8\,\mathrm{l}, \quad 2{,}6 \times \frac{3}{10} = 0{,}78$$
$$119{,}9 + 0{,}8 = 120{,}7\,\mathrm{l} \quad 114{,}7 + 0{,}8 = 115{,}5\,\mathrm{l}$$

also muß man zusetzen zu 100 l bei der Verdünnung von

88,3 prozentigen Branntwein auf 41 Prozent 120,7 l   Differenz 5,2 l
88,3   „   „   „ 42   „   115,5 l

$$5{,}2 \times \frac{7}{10} = 3{,}64 \quad 120{,}7 - 3{,}6 = 117{,}1\,\mathrm{l}$$

also muß man zusetzen zu 100 l bei der Verdünnung von

88,3 prozentigen Branntwein auf 41,7 Prozent 117,1 l Wasser.

Wenn man sich bei der Interpolation nicht darüber klar ist, ob man zuzählen, oder abziehen muß, so merke man sich die allgemeine Regel, daß man sich immer der Zahl für das nächsthöhere ganze Prozent nähern muß. Ist diese größer, so muß man zuzählen, ist sie kleiner, abziehen.

Will man die Interpolation umgehen, so bleibt nichts anderes übrig, als die Berechnung so vorzunehmen, als ob man nach Gewicht und mit dem Gewichtsalkoholometer mischen wollte, und die Rechnung so durchzuführen, wie es in den Beispielen 24 und 25 gelehrt worden ist.

Tafel 1

zur Ermittelung der Litermenge Wasser und reinen Alkohol, welche in 100 Liter Branntwein enthalten sind.

Liter Alkohol in 100 Liter Branntwein oder wahre Stärke	,0	,1	,2	,3	,4	,5	,6	,7	,8	,9
	Liter Wasser in 100 Liter Branntwein für die nebenstehenden Ganzen- und obenstehenden Zehntel-Liter reinen Alkohols									
0	100,00	99,91	99,81	99,72	99,62	99,53	99,43	99,34	99,24	99,15
1	99,05	98,96	98,86	98,77	98,67	98,58	98,48	98,39	98,29	98,20
2	98,11	98,02	97,92	97,83	97,73	97,64	97,54	97,45	97,35	97,26
3	97,17	97,08	96,98	96,89	96,80	96,71	96,61	96,52	96,42	96,33
4	96,24	96,15	96,05	95,96	95,87	95,78	95,68	95,59	95,49	95,40
5	95,31	95,22	95,12	95,03	94,94	94,85	94,75	94,66	94,56	94,47
6	94,38	94,29	94,19	94,10	94,01	93,92	93,83	93,74	93,64	93,55
7	93,46	93,37	93,27	93,18	93,09	93,00	92,91	92,82	92,72	92,63
8	92,54	92,45	92,36	92,27	92,18	92,09	92,00	91,91	91,81	91,72
9	91,63	91,54	91,45	91,36	91,27	91,18	91,09	91,00	90,90	90,81
10	90,72	90,63	90,54	90,45	90,36	90,27	90,18	90,09	89,99	89,90
11	89,81	89,72	89,63	89,54	89,45	89,36	89,27	89,18	89,09	89,00
12	88,90	88,81	88,72	88,63	88,54	88,45	88,36	88,27	88,18	88,09
13	88,00	87,91	87,82	87,73	87,64	87,55	87,46	87,37	87,28	87,19
14	87,10	87,01	86,92	86,83	86,74	86,65	86,56	86,47	86,38	86,29
15	86,20	86,11	86,02	85,93	85,84	85,75	85,66	85,57	85,48	85,39
16	85,31	85,22	85,13	85,04	84,95	84,86	84,77	84,68	84,59	84,50
17	84,41	84,32	84,23	84,14	84,05	83,96	83,87	83,78	83,69	83,60
18	83,52	83,43	83,34	83,25	83,16	83,07	82,98	82,89	82,80	82,71
19	82,62	82,53	82,44	82,35	82,26	82,17	82,08	81,99	81,90	81,81
20	81,73	81,64	81,55	81,46	81,37	81,28	81,19	81,10	81,01	80,93
21	80,84	80,75	80,66	80,57	80,48	80,39	80,30	80,21	80,12	80,03
22	79,94	79,85	79,76	79,67	79,58	79,49	79,40	79,31	79,22	79,13
23	79,04	78,95	78,86	78,77	78,68	78,59	78,50	78,41	78,32	78,23
24	78,15	78,06	77,97	77,88	77,79	77,70	77,61	77,52	77,43	77,34
25	77,25	77,16	77,07	76,98	76,89	76,80	76,71	76,62	76,53	76,44
26	76,35	76,26	76,17	76,08	75,99	75,90	75,81	75,72	75,63	75,54
27	75,45	75,36	75,27	75,18	75,09	75,00	74,91	74,82	74,73	74,64
28	74,54	74,45	74,36	74,27	74,18	74,09	74,00	73,90	73,81	73,72
29	73,63	73,54	73,45	73,36	73,27	73,17	73,08	72,99	72,90	72,81
30	72,72	72,63	72,54	72,45	72,35	72,26	72,17	72,08	71,99	71,90
31	71,81	71,72	71,63	71,53	71,44	71,35	71,26	71,17	71,08	70,98
32	70,89	70,80	70,71	70,61	70,52	70,43	70,34	70,24	70,15	70,06
33	69,97	69,88	69,79	69,69	69,60	69,51	69,41	69,32	69,23	69,14
34	69,05	68,96	68,86	68,77	68,68	68,59	68,49	68,40	68,31	68,22

Tafel 1

zur Ermittelung der Litermenge Wasser und reinen Alkohol, welche in 100 Liter Branntwein enthalten sind.

Liter Alkohol in 100 Liter Branntwein oder wahre Stärke	,0	,1	,2	,3	,4	,5	,6	,7	,8	,9
	Liter Wasser in 100 Liter Branntwein für die nebenstehenden Ganzen- und obenstehenden Zehntel-Liter reinen Alkohols									
35	68,12	68,03	67,93	67,84	67,75	67,65	67,56	67,47	67,38	67,28
36	67,19	67,10	67,00	66,91	66,82	66,72	66,63	66,54	66,44	66,35
37	66,26	66,17	66,07	65,98	65,89	65,79	65,70	65,60	65,51	65,41
38	65,32	65,23	65,13	65,04	64,94	64,85	64,75	64,66	64,57	64,47
39	64,38	64,29	64,19	64,10	64,00	63,91	63,81	63,72	63,62	63,53
40	63,43	63,34	63,24	63,15	63,05	62,96	62,86	62,77	62,67	62,58
41	62,48	62,39	62,29	62,19	62,10	62,00	61,91	61,81	61,72	61,62
42	61,52	61,43	61,33	61,24	61,14	61,05	60,95	60,85	60,76	60,66
43	60,56	60,47	60,37	60,28	60,18	60,08	59,99	59,89	59,80	59,70
44	59,60	59,51	59,41	59,31	59,22	59,12	59,02	58,93	58,83	58,73
45	58,64	58,54	58,45	58,35	58,25	58,16	58,06	57,96	57,86	57,77
46	57,67	57,57	57,47	57,38	57,28	57,18	57,08	56,99	56,89	56,79
47	56,69	56,60	56,50	56,40	56,30	56,21	56,11	56,01	55,91	55,81
48	55,71	55,62	55,52	55,42	55,32	55,23	55,13	55,03	54,93	54,83
49	54,73	54,64	54,54	54,44	54,34	54,24	54,14	54,04	53,95	53,85
50	53,75	53,65	53,55	53,45	53,35	53,25	53,16	53,06	52,96	52,86
51	52,76	52,66	52,56	52,46	52,37	52,27	52,17	52,07	51,97	51,87
52	51,77	51,67	51,57	51,47	51,37	51,27	51,17	51,07	50,97	50,87
53	50,77	50,67	50,57	50,47	50,37	50,27	50,17	50,07	49,97	49,87
54	49,77	49,67	49,57	49,47	49,37	49,27	49,17	49,07	48,97	48,87
55	48,77	48,67	48,57	48,47	48,37	48,27	48,17	48,07	47,97	47,87
56	47,77	47,67	47,57	47,47	47,37	47,27	47,17	47,06	46,96	46,86
57	46,76	46,66	46,56	46,46	46,36	46,26	46,16	46,05	45,95	45,85
58	45,75	45,65	45,55	45,45	45,35	45,25	45,15	45,04	44,94	44,84
59	44,74	44,64	44,54	44,44	44,33	44,23	44,13	44,03	43,93	43,83
60	43,72	43,62	43,52	43,42	43,32	43,22	43,11	43,01	42,91	42,81
61	42,71	42,60	42,50	42,40	42,30	42,20	42,09	41,99	41,89	41,79
62	41,69	41,58	41,48	41,38	41,28	41,17	41,07	40,97	40,87	40,77
63	40,66	40,56	40,46	40,35	40,25	40,15	40,05	39,94	39,84	39,74
64	39,64	39,53	39,43	39,33	39,23	39,12	39,02	38,92	38,81	38,71
65	38,61	38,51	38,40	38,30	38,20	38,10	37,99	37,89	37,79	37,68
66	37,58	37,48	37,37	37,27	37,17	37,06	36,96	36,86	36,75	36,65
67	36,55	36,44	36,34	36,24	36,13	36,03	35,93	35,82	35,72	35,62
68	35,51	35,41	35,31	35,20	35,10	34,99	34,89	34,79	34,68	34,58
69	34,48	34,37	34,27	34,16	34,06	33,96	33,85	33,75	33,64	33,54

Tafel 1

zur Ermittelung der Litermenge Wasser und reinen Alkohol, welche in 100 Liter Branntwein enthalten sind.

Liter Alkohol in 100 Liter Branntwein oder wahre Stärke	,0	,1	,2	,3	,4	,5	,6	,7	,8	,9
	Liter Wasser in 100 Liter Branntwein für die nebenstehenden Ganzen- und obenstehenden Zehntel-Liter reinen Alkohols									
70	33,44	33,33	33,23	33,12	33,02	32,92	32,81	32,71	32,60	32,50
71	32,39	32,29	32,19	32,08	31,98	31,87	31,77	31,66	31,56	31,45
72	31,35	31,24	31,14	31,03	30,93	30,82	30,72	30,61	30,51	30,40
73	30,30	30,20	30,09	29,99	29,88	29,78	29,67	29,57	29,46	29,36
74	29,25	29,15	29,04	28,93	28,83	28,72	28,62	28,51	28,41	28,30
75	28,20	28,09	27,99	27,88	27,77	27,67	27,56	27,46	27,35	27,25
76	27,14	27,03	26,93	26,82	26,72	26,61	26,50	26,40	26,29	26,19
77	26,08	25,97	25,87	25,76	25,65	25,55	25,44	25,34	25,23	25,12
78	25,02	24,91	24,80	24,70	24,59	24,48	24,38	24,27	24,16	24,06
79	23,95	23,84	23,74	23,63	23,52	23,42	23,31	23,20	23,10	22,99
80	22,88	22,77	22,67	22,56	22,45	22,35	22,24	22,13	22,03	21,92
81	21,81	21,70	21,59	21,49	21,38	21,27	21,16	21,06	20,95	20,84
82	20,73	20,62	20,52	20,41	20,30	20,19	20,08	19,98	19,87	19,76
83	19,65	19,54	19,44	19,33	19,22	19,11	19,00	18,90	18,79	18,68
84	18,57	18,46	18,35	18,24	18,13	18,02	17,91	17,80	17,70	17,59
85	17,48	17,37	17,26	17,15	17,04	16,93	16,82	16,71	16,60	16,49
86	16,38	16,27	16,16	16,05	15,94	15,83	15,72	15,61	15,50	15,39
87	15,28	15,17	15,06	14,95	14,84	14,73	14,62	14,51	14,40	14,29
88	14,18	14,07	13,96	13,85	13,73	13,62	13,51	13,40	13,29	13,18
89	13,07	12,96	12,84	12,73	12,62	12,51	12,40	12,29	12,17	12,06
90	11,95	11,84	11,72	11,61	11,50	11,38	11,27	11,16	11,04	10,93
91	10,82	10,71	10,59	10,48	10,36	10,25	10,14	10,02	9,91	9,79
92	9,68	9,57	9,45	9,34	9,22	9,11	8,99	8,88	8,76	8,65
93	8,53	8,42	8,30	8,18	8,07	7,95	7,83	7,72	7,60	7,48
94	7,37	7,25	7,13	7,02	6,90	6,78	6,66	6,55	6,43	6,31
95	6,19	6,08	5,96	5,84	5,72	5,60	5,48	5,36	5,24	5,12
96	5,00	4,88	4,76	4,64	4,52	4,40	4,27	4,15	4,03	3,91
97	3,79	3,67	3,54	3,42	3,30	3,17	3,05	2,93	2,80	2,68
98	2,56	2,43	2,30	2,18	2,05	1,93	1,80	1,67	1,55	1,42
99	1,29	1,16	1,04	0,91	0,78	0,65	0,52	0,39	0,26	0,13
100	0,00									

5

zur Ermittelung des Prozentgehalts eines Branntweins aus dem
Zusammenziehungsfaktor.

Zu= sammen= ziehungs= faktor	Pro= zent= ge= halt	Zu= sammen= ziehungs= faktor	Pro= zent= ge= halt	Zu= sammen= ziehungs= faktor	Pro= zent= ge= halt	Zu= sammen= ziehungs= faktor	Pro= zent= ge= halt	Zu= sammen= ziehungs= faktor	Pro= zent= ge= halt	Zu= sammen= ziehungs= faktor	Pro= zent= ge= halt
0,042	4,0	0,086	8,0	0,135	12,0	0,188	16,0	0,245	20,0	0,307	24,0
0,043	4,1	0,088	8,1	0,136	12,1	0,189	16,1	0,246	20,1	0,309	24,1
0,044	4,2	0,089	8,2	0,138	12,2	0,190	16,2	0,248	20,2	0,310	24,2
0,045	4,3	0,090	8,3	0,139	12,3	0,192	16,3	0,249	20,3	0,312	24,3
0,046	4,4	0,091	8,4	0,140	12,4	0,193	16,4	0,251	20,4	0,314	24,4
0,047	4,5	0,092	8,5	0,141	12,5	0,195	16,5	0,252	20,5	0,315	24,5
0,048	4,6	0,094	8,6	0,143	12,6	0,196	16,6	0,254	20,6	0,317	24,6
0,049	4,7	0,095	8,7	0,144	12,7	0,197	16,7	0,255	20,7	0,319	24,7
0,050	4,8	0,096	8,8	0,145	12,8	0,199	16,8	0,257	20,8	0,320	24,8
0,051	4,9	0,097	8,9	0,146	12,9	0,200	16,9	0,258	20,9	0,322	24,9
0,053	5,0	0,098	9,0	0,148	13,0	0,201	17,0	0,260	21,0	0,324	25,0
0,054	5,1	0,099	9,1	0,149	13,1	0,203	17,1	0,261	21,1	0,325	25,1
0,055	5,2	0,101	9,2	0,150	13,2	0,204	17,2	0,263	21,2	0,327	25,2
0,056	5,3	0,102	9,3	0,152	13,3	0,206	17,3	0,264	21,3	0,329	25,3
0,057	5,4	0,103	9,4	0,153	13,4	0,207	17,4	0,266	21,4	0,330	25,4
0,058	5,5	0,104	9,5	0,154	13,5	0,209	17,5	0,268	21,5	0,332	25,5
0,059	5,6	0,105	9,6	0,156	13,6	0,210	17,6	0,269	21,6	0,334	25,6
0,060	5,7	0,107	9,7	0,157	13,7	0,211	17,7	0,271	21,7	0,335	25,7
0,061	5,8	0,108	9,8	0,158	13,8	0,213	17,8	0,272	21,8	0,337	25,8
0,062	5,9	0,109	9,9	0,159	13,9	0,214	17,9	0,274	21,9	0,339	25,9
0,064	6,0	0,110	10,0	0,161	14,0	0,216	18,0	0,275	22,0	0,341	26,0
0,065	6,1	0,111	10,1	0,162	14,1	0,217	18,1	0,277	22,1	0,342	26,1
0,066	6,2	0,113	10,2	0,163	14,2	0,218	18,2	0,278	22,2	0,344	26,2
0,067	6,3	0,114	10,3	0,165	14,3	0,220	18,3	0,280	22,3	0,346	26,3
0,068	6,4	0,115	10,4	0,166	14,4	0,221	18,4	0,282	22,4	0,348	26,4
0,069	6,5	0,116	10,5	0,167	14,5	0,223	18,5	0,283	22,5	0,349	26,5
0,070	6,6	0,118	10,6	0,169	14,6	0,224	18,6	0,285	22,6	0,351	26,6
0,072	6,7	0,119	10,7	0,170	14,7	0,226	18,7	0,286	22,7	0,353	26,7
0,073	6,8	0,120	10,8	0,171	14,8	0,227	18,8	0,288	22,8	0,354	26,8
0,074	6,9	0,121	10,9	0,173	14,9	0,229	18,9	0,289	22,9	0,356	26,9
0,075	7,0	0,123	11,0	0,174	15,0	0,230	19,0	0,291	23,0	0,358	27,0
0,076	7,1	0,124	11,1	0,175	15,1	0,232	19,1	0,293	23,1	0,360	27,1
0,077	7,2	0,125	11,2	0,177	15,2	0,233	19,2	0,294	23,2	0,362	27,2
0,078	7,3	0,126	11,3	0,178	15,3	0,234	19,3	0,296	23,3	0,363	27,3
0,079	7,4	0,127	11,4	0,179	15,4	0,236	19,4	0,297	23,4	0,365	27,4
0,081	7,5	0,129	11,5	0,181	15,5	0,237	19,5	0,299	23,5	0,367	27,5
0,082	7,6	0,130	11,6	0,182	15,6	0,239	19,6	0,301	23,6	0,369	27,6
0,083	7,7	0,131	11,7	0,184	15,7	0,240	19,7	0,302	23,7	0,370	27,7
0,084	7,8	0,132	11,8	0,185	15,8	0,242	19,8	0,304	23,8	0,372	27,8
0,085	7,9	0,134	11,9	0,186	15,9	0,243	19,9	0,306	23,9	0,374	27,9

Tafel 2
zur Ermittelung des Prozentgehalts eines Branntweins aus dem Zusammenziehungsfaktor.

Zu=sammen=ziehungs=faktor	Pro=zent=ge=halt	Zu=sammen=ziehungs=faktor	Pro=zent=ge=halt	Zu=sammen=ziehungs=faktor	Pro=zent=ge=halt	Zu=sammen=ziehungs=faktor	Pro=zent=ge=halt	Zu=sammen=ziehungs=faktor	Pro=zent=ge=halt	Zu=sammen=ziehungs=faktor	Pro=zent=ge=halt
0,376	28,0	0,452	32,0	0,536	36,0	0,631	40,0	0,738	44,0	0,862	48,0
0,377	28,1	0,454	32,1	0,538	36,1	0,633	40,1	0,740	44,1	0,865	48,1
0,379	28,2	0,456	32,2	0,540	36,2	0,636	40,2	0,743	44,2	0,868	48,2
0,381	28,3	0,458	32,3	0,543	36,3	0,638	40,3	0,746	44,3	0,872	48,3
0,383	28,4	0,460	32,4	0,545	36,4	0,641	40,4	0,749	44,4	0,875	48,4
0,385	28,5	0,462	32,5	0,547	36,5	0,643	40,5	0,752	44,5	0,878	48,5
0,386	28,6	0,464	32,6	0,549	36,6	0,646	40,6	0,755	44,6	0,882	48,6
0,388	28,7	0,466	32,7	0,552	36,7	0,649	40,7	0,758	44,7	0,885	48,7
0,390	28,8	0,468	32,8	0,554	36,8	0,651	40,8	0,761	44,8	0,888	48,8
0,392	28,9	0,470	32,9	0,556	36,9	0,654	40,9	0,764	44,9	0,892	48,9
0,394	29,0	0,472	33,0	0,558	37,0	0,656	41,0	0,767	45,0	0,895	49,0
0,396	29,1	0,474	33,1	0,561	37,1	0,659	41,1	0,770	45,1	0,899	49,1
0,398	29,2	0,476	33,2	0,563	37,2	0,661	41,2	0,773	45,2	0,902	49,2
0,399	29,3	0,478	33,3	0,565	37,3	0,664	41,3	0,776	45,3	0,906	49,3
0,401	29,4	0,480	33,4	0,568	37,4	0,667	41,4	0,779	45,4	0,909	49,4
0,403	29,5	0,482	33,5	0,570	37,5	0,669	41,5	0,782	45,5	0,913	49,5
0,405	29,6	0,484	33,6	0,572	37,6	0,672	41,6	0,785	45,6	0,916	49,6
0,407	29,7	0,486	33,7	0,575	37,7	0,675	41,7	0,788	45,7	0,920	49,7
0,409	29,8	0,488	33,8	0,577	37,8	0,677	41,8	0,791	45,8	0,923	49,8
0,411	29,9	0,490	33,9	0,579	37,9	0,680	41,9	0,794	45,9	0,927	49,9
0,412	30,0	0,493	34,0	0,582	38,0	0,683	42,0	0,798	46,0	0,930	50,0
0,414	30,1	0,495	34,1	0,584	38,1	0,685	42,1	0,801	46,1	0,934	50,1
0,416	30,2	0,497	34,2	0,587	38,2	0,688	42,2	0,804	46,2	0,937	50,2
0,418	30,3	0,499	34,3	0,589	38,3	0,691	42,3	0,807	46,3	0,941	50,3
0,420	30,4	0,501	34,4	0,591	38,4	0,694	42,4	0,810	46,4	0,945	50,4
0,422	30,5	0,503	34,5	0,594	38,5	0,696	42,5	0,813	46,5	0,948	50,5
0,424	30,6	0,505	34,6	0,596	38,6	0,699	42,6	0,817	46,6	0,952	50,6
0,426	30,7	0,507	34,7	0,599	38,7	0,702	42,7	0,820	46,7	0,956	50,7
0,428	30,8	0,509	34,8	0,601	38,8	0,705	42,8	0,823	46,8	0,959	50,8
0,430	30,9	0,512	34,9	0,603	38,9	0,707	42,9	0,826	46,9	0,963	50,9
0,432	31,0	0,514	35,0	0,606	39,0	0,710	43,0	0,829	47,0	0,967	51,0
0,434	31,1	0,516	35,1	0,608	39,1	0,713	43,1	0,832	47,1	0,971	51,1
0,436	31,2	0,518	35,2	0,611	39,2	0,716	43,2	0,836	47,2	0,974	51,2
0,438	31,3	0,520	35,3	0,613	39,3	0,718	43,3	0,839	47,3	0,978	51,3
0,440	31,4	0,523	35,4	0,616	39,4	0,721	43,4	0,842	47,4	0,982	51,4
0,442	31,5	0,525	35,5	0,618	39,5	0,724	43,5	0,845	47,5	0,986	51,5
0,444	31,6	0,527	35,6	0,621	39,6	0,727	43,6	0,849	47,6	0,989	51,6
0,446	31,7	0,529	35,7	0,623	39,7	0,730	43,7	0,852	47,7	0,993	51,7
0,448	31,8	0,531	35,8	0,626	39,8	0,733	43,8	0,855	47,8	0,997	51,8
0,450	31,9	0,533	35,9	0,628	39,9	0,735	43,9	0,858	47,9	1,001	51,9

Tafel 2
zur Ermittelung des Prozentgehalts eines Branntweins aus dem
Zusammenziehungsfaktor.

Zusammen-ziehungs-faktor	Pro-zent-ge-halt	Zusammen-ziehungs-faktor	Pro-zent-ge-halt	Zusammen-ziehungs-faktor	Pro-zent-ge-halt	Zusammen-ziehungs-faktor	Pro-zent-ge-halt	Zusammen-ziehungs-faktor	Pro-zent-ge-halt	Zusammen-ziehungs-faktor	Pro-zent-ge-halt
1,004	52,0	1,172	56,0	1,372	60,0	1,615	64,0	1,915	68,0	2,297	72,0
1,008	52,1	1,177	56,1	1,378	60,1	1,622	64,1	1,924	68,1	2,308	72,1
1,012	52,2	1,182	56,2	1,383	60,2	1,629	64,2	1,932	68,2	2,319	72,2
1,016	52,3	1,186	56,3	1,389	60,3	1,635	64,3	1,941	68,3	2,331	72,3
1,020	52,4	1,191	56,4	1,394	60,4	1,642	64,4	1,949	68,4	2,342	72,4
1,024	52,5	1,195	56,5	1,400	60,5	1,649	64,5	1,958	68,5	2,353	72,5
1,028	52,6	1,200	56,6	1,406	60,6	1,656	64,6	1,967	68,6	2,364	72,6
1,032	52,7	1,205	56,7	1,411	60,7	1,663	64,7	1,975	68,7	2,375	72,7
1,036	52,8	1,209	56,8	1,417	60,8	1,670	64,8	1,984	68,8	2,387	72,8
1,040	52,9	1,214	56,9	1,422	60,9	1,677	64,9	1,992	68,9	2,398	72,9
1,044	53,0	1,219	57,0	1,428	61,0	1,684	65,0	2,001	69,0	2,409	73,0
1,048	53,1	1,224	57,1	1,434	61,1	1,691	65,1	2,010	69,1	2,421	73,1
1,052	53,2	1,229	57,2	1,440	61,2	1,698	65,2	2,020	69,2	2,433	73,2
1,056	53,3	1,234	57,3	1,446	61,3	1,705	65,3	2,029	69,3	2,445	73,3
1,060	53,4	1,239	57,4	1,452	61,4	1,712	65,4	2,038	69,4	2,457	73,4
1,064	53,5	1,244	57,5	1,458	61,5	1,719	65,5	2,047	69,5	2,470	73,5
1,069	53,6	1,248	57,6	1,463	61,6	1,727	65,6	2,057	69,6	2,482	73,6
1,073	53,7	1,253	57,7	1,469	61,7	1,734	65,7	2,066	69,7	2,494	73,7
1,077	53,8	1,258	57,8	1,475	61,8	1,741	65,8	2,075	69,8	2,506	73,8
1,081	53,9	1,263	57,9	1,481	61,9	1,749	65,9	2,085	69,9	2,518	73,9
1,085	54,0	1,268	58,0	1,487	62,0	1,756	66,0	2,094	70,0	2,530	74,0
1,089	54,1	1,273	58,1	1,493	62,1	1,764	66,1	2,104	70,1	2,543	74,1
1,093	54,2	1,278	58,2	1,499	62,2	1,771	66,2	2,114	70,2	2,556	74,2
1,098	54,3	1,283	58,3	1,506	62,3	1,779	66,3	2,123	70,3	2,569	74,3
1,102	54,4	1,288	58,4	1,512	62,4	1,787	66,4	2,133	70,4	2,582	74,4
1,106	54,5	1,293	58,5	1,518	62,5	1,794	66,5	2,143	70,5	2,595	74,5
1,111	54,6	1,298	58,6	1,524	62,6	1,802	66,6	2,153	70,6	2,608	74,6
1,115	54,7	1,303	58,7	1,531	62,7	1,810	66,7	2,163	70,7	2,621	74,7
1,119	54,8	1,309	58,8	1,537	62,8	1,818	66,8	2,172	70,8	2,634	74,8
1,123	54,9	1,314	58,9	1,543	62,9	1,825	66,9	2,182	70,9	2,647	74,9
1,128	55,0	1,319	59,0	1,549	63,0	1,833	67,0	2,192	71,0	2,660	75,0
1,132	55,1	1,324	59,1	1,556	63,1	1,841	67,1	2,202	71,1	2,674	75,1
1,137	55,2	1,330	59,2	1,562	63,2	1,849	67,2	2,213	71,2	2,688	75,2
1,141	55,3	1,335	59,3	1,569	63,3	1,858	67,3	2,223	71,3	2,702	75,3
1,146	55,4	1,340	59,4	1,576	63,4	1,866	67,4	2,234	71,4	2,716	75,4
1,150	55,5	1,346	59,5	1,582	63,5	1,874	67,5	2,244	71,5	2,730	75,5
1,154	55,6	1,351	59,6	1,589	63,6	1,882	67,6	2,255	71,6	2,744	75,6
1,159	55,7	1,356	59,7	1,595	63,7	1,890	67,7	2,265	71,7	2,758	75,7
1,163	55,8	1,361	59,8	1,602	63,8	1,899	67,8	2,276	71,8	2,772	75,8
1,168	55,9	1,367	59,9	1,608	63,9	1,907	67,9	2,286	71,9	2,786	75,9

Tafel 2

zur Ermittelung des Prozentgehalts eines Branntweins aus dem Zusammenziehungsfaktor.

Zusammenziehungsfaktor	Prozentgehalt	Zusammenziehungsfaktor	Prozentgehalt	Zusammenziehungsfaktor	Prozentgehalt	Zusammenziehungsfaktor	Prozentgehalt	Zusammenziehungsfaktor	Prozentgehalt	Zusammenziehungsfaktor	Prozentgehalt
2,800	76,0	3,496	80,0	4,524	84,0	6,206	88,0	9,504	92,0	19,20	96,0
2,814	76,1	3,517	80,1	4,556	84,1	6,262	88,1	9,628	92,1	19,69	96,1
2,829	76,2	3,538	80,2	4,588	84,2	6,319	88,2	9,755	92,2	20,21	96,2
2,844	76,3	3,559	80,3	4,621	84,3	6,377	88,3	9,886	92,3	20,75	96,3
2,859	76,4	3,580	80,4	4,655	84,4	6,436	88,4	10,020	92,4	21,33	96,4
2,874	76,5	3,602	80,5	4,689	84,5	6,496	88,5	10,157	92,5	21,93	96,5
2,889	76,6	3,624	80,6	4,723	84,6	6,557	88,6	10,298	92,6	22,62	96,6
2,904	76,7	3,646	80,7	4,758	84,7	6,619	88,7	10,443	92,7	23,30	96,7
2,920	76,8	3,668	80,8	4,793	84,8	6,682	88,8	10,591	92,8	24,02	96,8
2,936	76,9	3,691	80,9	4,828	84,9	6,746	88,9	10,744	92,9	24,78	96,9
2,952	77,0	3,714	81,0	4,863	85,0	6,811	89,0	10,901	93,0	25,59	97,0
2,968	77,1	3,737	81,1	4,899	85,1	6,877	89,1	11,063	93,1	26,46	97,1
2,984	77,2	3,760	81,2	4,936	85,2	6,944	89,2	11,230	93,2	27,46	97,2
3,000	77,3	3,783	81,3	4,973	85,3	7,013	89,3	11,401	93,3	28,45	97,3
3,016	77,4	3,807	81,4	5,011	85,4	7,083	89,4	11,577	93,4	29,52	97,4
3,033	77,5	3,831	81,5	5,050	85,5	7,155	89,5	11,758	93,5	30,78	97,5
3,050	77,6	3,855	81,6	5,089	85,6	7,228	89,6	11,945	93,6	32,00	97,6
3,067	77,7	3,880	81,7	5,128	85,7	7,302	89,7	12,138	93,7	33,34	97,7
3,084	77,8	3,905	81,8	5,168	85,8	7,378	89,8	12,337	93,8	34,92	97,8
3,101	77,9	3,930	81,9	5,208	85,9	7,455	89,9	12,542	93,9	36,53	97,9
3,118	78,0	3,955	82,0	5,249	86,0	7,533	90,0	12,754	94,0	38,28	98,0
3,135	78,1	3,980	82,1	5,291	86,1	7,613	90,1	12,973	94,1	40,37	98,1
3,152	78,2	4,006	82,2	5,333	86,2	7,694	90,2	13,200	94,2	42,70	98,2
3,170	78,3	4,032	82,3	5,376	86,3	7,777	90,3	13,435	94,3	45,08	98,3
3,188	78,4	4,059	82,4	5,419	86,4	7,862	90,4	13,679	94,4	48,00	98,4
3,206	78,5	4,086	82,5	5,463	86,5	7,949	90,5	13,932	94,5	51,04	98,5
3,224	78,6	4,113	82,6	5,508	86,6	8,038	90,6	14,194	94,6	54,78	98,6
3,242	78,7	4,140	82,7	5,553	86,7	8,128	90,7	14,465	94,7	59,10	98,7
3,260	78,8	4,168	82,8	5,599	86,8	8,220	90,8	14,746	94,8	63,74	98,8
3,279	78,9	4,196	82,9	5,645	86,9	8,314	90,9	15,036	94,9	69,65	98,9
3,298	79,0	4,224	83,0	5,692	87,0	8,411	91,0	15,337	95,0	76,75	99,0
3,317	79,1	4,253	83,1	5,740	87,1	8,510	91,1	15,650	95,1	85,43	99,1
3,336	79,2	4,282	83,2	5,789	87,2	8,611	91,2	15,976	95,2	95,39	99,2
3,355	79,3	4,311	83,3	5,838	87,3	8,714	91,3	16,317	95,3	109,12	99,3
3,375	79,4	4,340	83,4	5,888	87,4	8,819	91,4	16,674	95,4	127,44	99,4
3,395	79,5	4,370	83,5	5,939	87,5	8,926	91,5	17,048	95,5	153,08	99,5
3,415	79,6	4,400	83,6	5,991	87,6	9,036	91,6	17,439	95,6	191,54	99,6
3,435	79,7	4,430	83,7	6,044	87,7	9,149	91,7	17,848	95,7	255,65	99,7
3,455	79,8	4,461	83,8	6,097	87,8	9,265	91,8	18,276	95,8	383,85	99,8
3,475	79,9	4,492	83,9	6,151	87,9	9,383	91,9	18,724	95,9	768,40	99,9

Tafel 3

zur Ermittelung der Litermenge Branntwein, welche durch Zusatz von Wasser aus 100 Liter eines höherprozentigen Branntweins entstanden sind.

Wahre Stärke des verdünnten Branntweins	Wahre Stärke des benutzten höherprozentigen Branntweins									
	95	94	93	92	91	90	89	88	87	86
	Litermenge des verdünnten Branntweins welche aus 100 Liter Branntwein obenstehender Stärke entstanden sind									
25	380,0	376,0	372,0	368,0	364,0	360,0	356,0	352,0	348,0	344,0
26	365,4	361,5	357,7	353,9	350,0	346,2	342,3	338,5	334,6	330,8
27	351,9	348,2	344,5	340,7	337,0	333,3	329,6	325,9	322,2	318,5
28	339,3	335,7	332,1	328,6	325,0	321,4	317,9	314,3	310,7	307,1
29	327,6	324,1	320,7	317,3	313,8	310,3	306,9	303,5	300,0	296,6
30	316,7	313,3	310,0	306,7	303,3	300,0	296,7	293,3	290,0	286,7
31	306,5	303,2	300,0	296,8	293,6	290,3	287,1	283,9	280,6	277,4
32	296,9	293,8	290,6	287,5	284,4	281,3	278,1	275,0	271,9	268,8
33	287,9	284,9	281,8	278,8	275,8	272,8	269,7	266,7	263,7	260,6
34	279,4	276,5	273,5	270,6	267,7	264,7	261,8	258,8	255,9	252,9
35	271,4	268,6	265,7	262,9	260,0	257,1	254,3	251,4	248,6	245,7
36	263,9	261,1	258,3	255,6	252,8	250,0	247,2	244,4	241,7	238,9
37	256,8	254,1	251,3	248,6	245,9	243,2	240,5	237,8	235,1	232,4
38	250,0	247,4	244,7	242,1	239,5	236,8	234,2	231,6	228,9	226,3
39	243,6	241,0	238,5	235,9	233,3	230,8	228,2	225,6	223,1	220,5
40	237,5	235,0	232,5	230,0	227,5	225,0	222,5	220,0	217,5	215,0
41	231,7	229,3	226,8	224,4	221,9	219,5	217,1	214,6	212,2	209,8
42	226,2	223,8	221,4	219,0	216,7	214,3	211,9	209,5	207,1	204,8
43	220,9	218,6	216,3	213,9	211,6	209,3	206,9	204,6	202,3	200,0
44	215,9	213,6	211,4	209,1	206,8	204,5	202,3	200,0	197,7	195,5
45	211,1	208,9	206,7	204,5	202,2	200,0	197,8	195,6	193,3	191,1
46	206,5	204,3	202,2	200,0	197,8	195,7	193,5	191,3	189,1	186,9
47	202,1	200,0	197,9	195,8	193,6	191,5	189,4	187,2	185,1	183,0
48	197,9	195,8	193,8	191,7	189,6	187,5	185,4	183,3	181,3	179,2
49	193,9	191,8	189,8	187,8	185,7	183,7	181,6	179,6	177,6	175,5
50	190,0	188,0	186,0	184,0	182,0	180,0	178,0	176,0	174,0	172,0
51	186,3	184,3	182,3	180,4	178,4	176,5	174,5	172,6	170,6	168,6
52	182,7	180,8	178,9	176,9	175,0	173,1	171,2	169,2	167,3	165,4
53	179,2	177,4	175,5	173,6	171,7	169,8	167,9	166,0	164,2	162,3
54	175,9	174,1	172,2	170,4	168,5	166,7	164,8	163,0	161,1	159,2
55	172,7	170,9	169,1	167,3	165,5	163,6	161,8	160,0	158,2	156,4
56	169,6	167,9	166,1	164,3	162,5	160,7	158,9	157,1	155,4	153,6
57	166,7	164,9	163,2	161,4	159,6	157,9	156,1	154,4	152,6	150,9
58	163,8	162,1	160,3	158,6	156,9	155,2	153,4	151,7	150,0	148,3
59	161,0	159,3	157,6	155,9	154,2	152,5	150,8	149,2	147,5	145,8

Tafel 3

zur Ermittelung der Litermenge Branntwein, welche durch Zusatz von Wasser aus 100 Liter eines höherprozentigen Branntweins entstanden sind.

Wahre Stärke des verdünnten Branntweins	Wahre Stärke des benutzten höherprozentigen Branntweins									
	95	94	93	92	91	90	89	88	87	86
	Litermenge des verdünnten Branntweins welche aus 100 Liter Branntwein obenstehender Stärke entstanden sind									
60	158,3	156,7	155,0	153,3	151,7	150,0	148,3	146,7	145,0	143,3
61	155,8	154,1	152,5	150,8	149,2	147,5	145,9	144,3	142,6	141,0
62	153,2	151,6	150,0	148,4	146,8	145,2	143,5	141,9	140,3	138,7
63	150,8	149,2	147,6	146,0	144,5	142,9	141,3	139,7	138,1	136,5
64	148,4	146,9	145,3	143,8	142,2	140,6	139,1	137,5	135,9	134,4
65	146,2	144,6	143,1	141,5	140,0	138,5	136,9	135,4	133,8	132,3
66	143,9	142,4	140,9	139,4	137,9	136,4	134,8	133,3	131,8	130,3
67	141,8	140,3	138,8	137,3	135,8	134,3	132,8	131,3	129,9	128,4
68	139,7	138,2	136,8	135,3	133,8	132,3	130,9	129,4	127,9	126,5
69	137,7	136,2	134,8	133,3	131,9	130,4	129,0	127,5	126,1	124,6
70	135,7	134,3	132,9	131,4	130,0	128,6	127,1	125,7	124,3	122,9
71	133,8	132,4	131,0	129,6	128,2	126,8	125,4	123,9	122,5	121,1
72	131,9	130,6	129,2	127,8	126,4	125,0	123,6	122,2	120,8	119,4
73	130,1	128,8	127,4	126,0	124,7	123,3	121,9	120,5	119,2	117,8
74	128,4	127,0	125,7	124,3	123,0	121,6	120,3	118,9	117,6	116,2
75	126,7	125,3	124,0	122,7	121,3	120,0	118,7	117,3	116,0	114,7
76	125,0	123,7	122,4	121,1	119,7	118,4	117,1	115,8	114,5	113,2
77	123,4	122,1	120,8	119,5	118,2	116,9	115,6	114,3	113,0	111,7
78	121,8	120,5	119,2	117,9	116,7	115,4	114,1	112,8	111,5	110,2
79	120,3	119,0	117,7	116,5	115,2	113,9	112,6	111,4	110,1	108,9
80	118,8	117,5	116,3	115,0	113,8	112,5	111,3	110,0	108,8	107,5
81	117,3	116,0	114,8	113,6	112,3	111,1	109,9	108,6	107,4	106,2
82	115,9	114,6	113,4	112,2	111,0	109,8	108,5	107,3	106,1	104,9
83	114,5	113,3	112,0	110,8	109,6	108,4	107,2	106,0	104,8	103,6
84	113,1	111,9	110,7	109,5	108,3	107,1	106,0	104,8	103,6	102,4
85	111,8	110,6	109,4	108,2	107,1	105,9	104,7	103,5	102,4	101,2
86	110,5	109,3	108,1	107,0	105,8	104,7	103,5	102,3	101,2	
87	109,2	108,0	106,9	105,8	104,6	103,5	102,3	101,1		
88	108,0	106,8	105,7	104,6	103,4	102,3	101,1			
89	106,7	105,6	104,5	103,4	102,3	101,1				
90	105,6	104,4	103,3	102,2	101,1					
91	104,4	103,3	102,2	101,1						
92	103,3	102,2	101,1							
93	102,2	101,1								
94	101,1									

Tafel 3

zur Ermittelung der Litermenge Branntwein, welche durch Zusatz von Wasser aus 100 Liter eines höherprozentigen Branntweins entstanden sind.

Wahre Stärke des ver= dünnten Branntz= weins	Wahre Stärke des benutzten höherprozentigen Branntweins									
	85	84	83	82	81	80	79	78	77	76
	Litermenge des verdünnten Branntweins welche aus 100 Liter Branntwein obenstehender Stärke entstanden sind									
15	566,7	560,0	553,3	546,7	540,0	533,3	526,7	520,0	513,3	506,7
16	531,3	525,0	518,8	512,5	506,3	500,0	493,8	487,5	481,3	475,0
17	500,0	494,1	488,2	482,3	476,5	470,6	464,7	458,8	452,9	447,0
18	472,2	466,7	461,1	455,6	450,0	444,5	438,9	433,3	427,8	422,2
19	447,4	442,1	436,8	431,6	426,3	421,0	415,8	410,5	405,3	400,0
20	425,0	420,0	415,0	410,0	405,0	400,0	395,0	390,0	385,0	380,0
21	404,8	400,0	395,3	390,5	385,7	381,0	376,2	371,4	366,7	361,9
22	386,4	381,8	377,3	372,7	368,2	363,6	359,1	354,5	350,0	345,5
23	369,6	365,2	360,9	356,5	352,2	347,8	343,5	339,1	334,8	330,4
24	354,2	350,0	345,8	341,7	337,5	333,3	329,2	325,0	320,8	316,7
25	340,0	336,0	332,0	328,0	324,0	320,0	316,0	312,0	308,0	304,0
26	326,9	323,1	319,2	315,4	311,5	307,7	303,9	300,0	296,2	292,3
27	314,8	311,1	307,4	303,7	300,0	296,3	292,6	288,9	285,2	281,5
28	303,6	300,0	296,4	292,9	289,3	285,7	282,2	278,6	275,0	271,4
29	293,1	289,7	286,2	282,8	279,3	275,9	272,4	269,0	265,5	262,1
30	283,3	280,0	276,7	273,3	270,0	266,7	263,3	260,0	256,7	253,3
31	274,2	271,0	267,8	264,5	261,3	258,1	254,8	251,6	248,4	245,2
32	265,6	262,5	259,4	256,3	253,1	250,0	246,9	243,8	240,6	237,5
33	257,6	254,6	251,5	248,5	245,5	242,4	239,4	236,4	233,3	230,3
34	250,0	247,1	244,1	241,2	238,2	235,3	232,4	229,4	226,5	223,5
35	242,9	240,0	237,2	234,3	231,4	228,6	225,7	222,9	220,0	217,1
36	236,1	233,3	230,6	227,8	225,0	222,2	219,4	216,7	213,9	211,1
37	229,7	227,0	224,3	221,6	218,9	216,2	213,5	210,8	208,1	205,4
38	223,7	221,1	218,4	215,8	213,2	210,5	207,8	205,2	202,6	200,0
39	217,9	215,4	212,8	210,3	207,7	205,1	202,6	200,0	197,4	194,9
40	212,5	210,0	207,5	205,0	202,5	200,0	197,5	195,0	192,5	190,0
41	207,3	204,9	202,4	200,0	197,6	195,1	192,7	190,2	187,8	185,4
42	202,4	200,0	197,6	195,3	192,9	190,5	188,1	185,7	183,3	181,0
43	197,7	195,3	193,0	190,7	188,4	186,1	183,7	181,4	179,1	176,7
44	193,2	190,9	188,6	186,4	184,1	181,8	179,5	177,3	175,0	172,7
45	188,9	186,7	184,4	182,2	180,0	177,8	175,6	173,3	171,1	168,9
46	184,8	182,6	180,4	178,3	176,1	173,9	171,7	169,6	167,4	165,2
47	180,9	178,7	176,6	174,5	172,3	170,2	168,1	166,0	163,8	161,7
48	177,1	175,0	172,9	170,8	168,8	166,7	164,6	162,5	160,4	158,3
49	173,5	171,4	169,4	167,4	165,3	163,3	161,2	159,2	157,1	155,1

Tafel 3

zur Ermittelung der Litermenge Branntwein, welche durch Zusatz von Wasser aus 100 Liter eines höherprozentigen Branntweins entstanden sind.

Wahre Stärke des verdünnten Branntweins	Wahre Stärke des benutzten höherprozentigen Branntweins									
	85	84	83	82	81	80	79	78	77	76
	Litermenge des verdünnten Branntweins welche aus 100 Liter Branntwein obenstehender Stärke entstanden sind									
50	170,0	168,0	166,0	164,0	162,0	160,0	158,0	156,0	154,0	152,0
51	166,7	164,7	162,7	160,8	158,8	156,9	154,9	152,9	151,0	149,0
52	163,5	161,5	159,6	157,7	155,8	153,9	151,9	150,0	148,1	146,2
53	160,4	158,5	156,6	154,7	152,8	151,0	149,1	147,2	145,3	143,4
54	157,4	155,5	153,7	151,8	150,0	148,2	146,3	144,5	142,6	140,8
55	154,5	152,7	150,9	149,1	147,3	145,4	143,6	141,8	140,0	138,2
56	151,8	150,0	148,2	146,4	144,6	142,9	141,1	139,3	137,5	135,7
57	149,1	147,4	145,6	143,9	142,1	140,3	138,6	136,8	135,1	133,3
58	146,6	144,8	143,1	141,4	139,7	137,9	136,2	134,5	132,8	131,0
59	144,1	142,4	140,7	139,0	137,3	135,6	133,9	132,2	130,5	128,8
60	141,7	140,0	138,3	136,7	135,0	133,3	131,7	130,0	128,3	126,7
61	139,3	137,7	136,1	134,4	132,8	131,1	129,5	127,9	126,2	124,6
62	137,1	135,5	133,9	132,3	130,6	129,0	127,4	125,8	124,2	122,6
63	134,9	133,3	131,7	130,1	128,6	127,0	125,4	123,8	122,2	120,6
64	132,8	131,2	129,7	128,1	126,6	125,0	123,5	121,9	120,3	118,8
65	130,8	129,2	127,7	126,2	124,6	123,1	121,5	120,0	118,5	116,9
66	128,8	127,3	125,8	124,2	122,7	121,2	119,7	118,2	116,7	115,1
67	126,9	125,4	123,9	122,4	120,9	119,4	117,9	116,4	114,9	113,3
68	125,0	123,5	122,1	120,6	119,1	117,7	116,2	114,7	113,2	111,7
69	123,2	121,7	120,3	118,8	117,4	115,9	114,5	113,0	111,6	110,1
70	121,4	120,0	118,6	117,1	115,7	114,3	112,8	111,4	110,0	108,6
71	119,7	118,3	116,9	115,5	114,1	112,7	111,3	109,9	108,5	107,0
72	118,1	116,7	115,3	113,9	112,5	111,1	109,7	108,3	107,0	105,6
73	116,4	115,1	113,7	112,3	111,0	109,6	108,2	106,9	105,5	104,1
74	114,9	113,5	112,2	110,8	109,5	108,1	106,8	105,4	104,1	102,7
75	113,3	112,0	110,7	109,3	108,0	106,7	105,3	104,0	102,7	101,3
76	111,8	110,5	109,2	107,9	106,6	105,3	103,9	102,6	101,3	
77	110,4	109,1	107,8	106,5	105,2	103,9	102,6	101,3		
78	109,0	107,7	106,4	105,1	103,9	102,6	101,3			
79	107,6	106,3	105,1	103,8	102,5	101,3				
80	106,3	105,0	103,7	102,5	101,3					
81	104,9	103,7	102,5	101,2						
82	103,7	102,4	101,2							
83	102,4	101,2								
84	101,2									

zur Ermittelung der Litermenge Branntwein, welche durch Zusatz von Wasser aus 100 Liter eines höherprozentigen Branntweins entstanden sind.

Wahre Stärke des verdünnten Branntweins	Wahre Stärke des benutzten höherprozentigen Branntweins									
	75	74	73	72	71	70	69	68	67	66
	Litermenge des verdünnten Branntweins welche aus 100 Liter Branntwein obenstehender Stärke entstanden sind									
15	500,0	493,3	486,7	480,0	473,3	466,7	460,0	453,3	446,7	440,0
16	468,7	462,5	456,2	450,0	443,7	437,5	431,2	425,0	418,7	412,5
17	441,2	435,3	429,4	423,5	417,7	411,8	405,9	400,0	394,1	388,2
18	416,7	411,1	405,6	400,0	394,4	388,9	383,3	377,8	372,2	366,7
19	394,7	389,5	384,2	379,0	373,7	368,4	363,2	357,9	352,6	347,4
20	375,0	370,0	365,0	360,0	355,0	350,0	345,0	340,0	335,0	330,0
21	357,1	352,4	347,6	342,9	338,1	333,3	328,6	323,8	319,0	314,3
22	340,9	336,4	331,8	327,3	322,7	318,2	313,6	309,1	304,5	300,0
23	326,1	321,7	317,4	313,0	308,7	304,4	300,0	295,7	291,3	287,0
24	312,5	308,3	304,2	300,0	295,9	291,7	287,5	283,3	279,2	275,0
25	300,0	296,0	292,0	288,0	284,0	280,0	276,0	272,0	268,0	264,0
26	288,5	284,6	280,8	276,9	273,1	269,2	265,4	261,5	257,7	253,9
27	277,8	274,1	270,4	266,7	263,0	259,3	255,6	251,9	248,2	244,5
28	267,9	264,3	260,7	257,1	253,6	250,0	246,4	242,9	239,3	235,7
29	258,6	255,2	251,7	248,3	244,8	241,4	237,9	234,5	231,0	227,6
30	250,0	246,7	243,3	240,0	236,7	233,3	230,0	226,7	223,3	220,0
31	241,9	238,7	235,5	232,3	229,0	225,8	222,6	219,4	216,1	212,9
32	234,4	231,3	228,1	225,0	221,9	218,8	215,6	212,5	209,4	206,3
33	227,3	224,3	221,2	218,2	215,2	212,1	209,1	206,1	203,0	200,0
34	220,6	217,7	214,7	211,8	208,8	205,9	202,9	200,0	197,1	194,1
35	214,3	211,4	208,6	205,7	202,9	200,0	197,1	194,3	191,4	188,6
36	208,3	205,6	202,8	200,0	197,2	194,4	191,7	188,9	186,1	183,4
37	202,7	200,0	197,3	194,6	191,9	189,2	186,5	183,8	181,1	178,4
38	197,4	194,7	192,1	189,5	186,8	184,2	181,6	178,9	176,3	173,7
39	192,3	189,7	187,2	184,6	182,1	179,5	176,9	174,4	171,8	169,2
40	187,5	185,0	182,5	180,0	177,5	175,0	172,5	170,0	167,5	165,0
41	182,9	180,5	178,0	175,6	173,1	170,7	168,3	165,9	163,4	161,0
42	178,6	176,2	173,8	171,4	169,0	166,7	164,3	161,9	159,5	157,1
43	174,4	172,1	169,8	167,4	165,1	162,8	160,5	158,1	155,8	153,5
44	170,5	168,2	165,9	163,6	161,4	159,1	156,8	154,5	152,3	150,0
45	166,7	164,4	162,2	160,0	157,8	155,6	153,3	151,1	148,9	146,7
46	163,0	160,9	158,7	156,5	154,4	152,2	150,0	147,8	145,7	143,5
47	159,6	157,5	155,3	153,2	151,1	148,9	146,8	144,7	142,6	140,4
48	156,3	154,2	152,1	150,0	147,9	145,8	143,8	141,7	139,6	137,5
49	153,1	151,0	149,0	146,9	144,9	142,8	140,8	138,8	136,7	134,7

Tafel 3

zur Ermittelung der Litermenge Branntwein, welche durch Zusatz von Wasser
aus 100 Liter eines höherprozentigen Branntweins entstanden sind.

Wahre Stärke des verdünnten Branntweins	Wahre Stärke des benutzten höherprozentigen Branntweins									
	75	74	73	72	71	70	69	68	67	66
	Litermenge des verdünnten Branntweins welche aus 100 Liter Branntwein obenstehender Stärke entstanden sind									
50	150,0	148,0	146,0	144,0	142,0	140,0	138,0	136,0	134,0	132,0
51	147,1	145,1	143,1	141,2	139,2	137,3	135,3	133,3	131,4	129,4
52	144,2	142,3	140,4	138,5	136,5	134,6	132,7	130,8	128,9	126,9
53	141,5	139,6	137,7	135,9	134,0	132,1	130,2	128,3	126,4	124,5
54	138,9	137,0	135,2	133,3	131,5	129,6	127,8	125,9	124,1	122,2
55	136,4	134,5	132,7	130,9	129,1	127,3	125,5	123,6	121,8	120,0
56	133,9	132,2	130,4	128,6	126,8	125,0	123,2	121,4	119,6	117,9
57	131,6	129,8	128,1	126,3	124,6	122,8	121,1	119,3	117,5	115,8
58	129,3	127,6	125,9	124,1	122,4	120,7	119,0	117,3	115,5	113,8
59	127,1	125,4	123,7	122,0	120,3	118,6	116,9	115,3	113,6	111,9
60	125,0	123,3	121,7	120,0	118,3	116,7	115,0	113,3	111,7	110,0
61	123,0	121,3	119,7	118,0	116,4	114,8	113,1	111,5	109,8	108,2
62	121,0	119,4	117,7	116,1	114,5	112,9	111,3	109,7	108,1	106,5
63	119,0	117,5	115,9	114,3	112,7	111,1	109,5	107,9	106,3	104,8
64	117,2	115,6	114,1	112,5	110,9	109,4	107,8	106,3	104,7	103,1
65	115,4	113,8	112,3	110,8	109,2	107,7	106,2	104,6	103,1	101,5
66	113,6	112,1	110,6	109,1	107,6	106,1	104,5	103,0	101,5	
67	111,9	110,5	109,0	107,5	106,0	104,5	103,0	101,5		
68	110,3	108,8	107,4	105,9	104,4	102,9	101,5			
69	108,7	107,2	105,8	104,4	102,9	101,5				
70	107,1	105,7	104,3	102,9	101,4					
71	105,6	104,2	102,8	101,4						
72	104,2	102,8	101,4							
73	102,7	101,4								
74	101,4									

Wahre Stärke des verdünnten Branntweins	25	24	23	22	21	20	19	18	17	16
15	166,7	160,0	153,3	146,7	140,0	133,3	126,7	120,0	113,3	106,7
16	156,3	150,0	143,7	137,5	131,3	125,0	118,7	112,5	106,3	
17	147,0	141,2	135,3	129,4	123,5	117,6	111,8	105,9		
18	138,9	133,3	127,8	122,2	116,7	111,1	105,6			
19	131,6	126,3	121,0	115,8	110,5	105,3				
20	125,0	120,0	115,0	110,0	105,0					
21	119,0	114,3	109,6	104,8						
22	113,6	109,1	104,5							
23	108,7	104,4								
24	104,2									

75

zur Ermittelung der Litermenge Branntwein, welche durch Zusatz von Wasser aus 100 Liter eines höherprozentigen Branntweins entstanden sind.

Wahre Stärke des verdünnten Branntweins	Wahre Stärke des benutzten höherprozentigen Branntweins									
	65	64	63	62	61	60	59	58	57	56
	Litermenge des verdünnten Branntweins welche aus 100 Liter Branntwein obenstehender Stärke entstanden sind									
15	433,3	426,7	420,0	413,3	406,7	400,0	393,3	386,7	380,0	373,3
16	406,3	400,0	393,8	387,5	381,3	375,0	368,8	362,5	356,3	350,0
17	382,4	376,5	370,6	364,7	358,8	352,9	347,0	341,2	335,3	329,4
18	361,1	355,6	350,0	344,4	338,9	333,3	327,8	322,2	316,7	311,1
19	342,1	336,8	331,6	326,3	321,1	315,8	310,5	305,3	300,0	294,7
20	325,0	320,0	315,0	310,0	305,0	300,0	295,0	290,0	285,0	280,0
21	309,5	304,8	300,0	295,2	290,5	285,7	281,0	276,2	271,4	266,7
22	295,5	290,9	286,4	281,8	277,3	272,7	268,2	263,6	259,1	254,5
23	282,6	278,3	273,9	269,6	265,2	260,9	256,5	252,1	247,8	243,5
24	270,8	266,7	262,5	258,3	254,2	250,0	245,9	241,7	237,5	233,3
25	260,0	256,0	252,0	248,0	244,0	240,0	236,0	232,0	228,0	224,0
26	250,0	246,2	242,3	238,5	234,6	230,8	226,9	223,1	219,2	215,4
27	240,8	237,0	233,3	229,6	225,9	222,2	218,5	214,8	211,1	207,4
28	232,2	228,6	225,0	221,4	217,9	214,3	210,7	207,2	203,6	200,0
29	224,1	220,7	217,2	213,8	210,3	206,9	203,5	200,0	196,6	191,1
30	216,7	213,3	210,0	206,7	203,3	200,0	196,7	193,3	190,0	186,7
31	209,7	206,5	203,2	200,0	196,8	193,5	190,3	187,1	183,9	180,6
32	203,1	200,0	196,9	193,8	190,6	187,5	184,4	181,3	178,1	175,0
33	197,0	193,9	190,9	187,9	184,8	181,8	178,8	175,8	172,7	169,7
34	191,2	188,3	185,3	182,4	179,4	176,5	173,5	170,6	167,7	164,7
35	185,7	182,9	180,0	177,1	174,3	171,4	168,6	165,7	162,9	160,0
36	180,6	177,8	175,0	172,2	169,4	166,7	163,9	161,1	158,4	155,6
37	175,7	173,0	170,3	167,6	164,9	162,2	159,5	156,8	154,1	151,4
38	171,1	168,4	165,8	163,1	160,5	157,9	155,3	152,6	150,0	147,4
39	166,7	164,1	161,5	159,0	156,4	153,8	151,3	148,7	146,2	143,6
40	162,5	160,0	157,5	155,0	152,5	150,0	147,5	145,0	142,5	140,0
41	158,5	156,1	153,7	151,2	148,8	146,3	143,9	141,5	139,0	136,6
42	154,8	152,4	150,0	147,6	145,2	142,9	140,5	138,1	135,7	133,3
43	151,2	148,8	146,5	144,2	141,9	139,5	137,2	134,9	132,6	130,2
44	147,7	145,5	143,2	140,9	138,6	136,4	134,1	131,8	129,5	127,3
45	144,4	142,2	140,0	137,8	135,6	133,3	131,1	128,9	126,7	124,4
46	141,3	139,1	137,0	134,8	132,6	130,4	128,3	126,1	123,9	121,7
47	138,3	136,2	134,0	131,9	129,8	127,7	125,5	123,4	121,3	119,1
48	135,4	133,3	131,3	129,2	127,1	125,0	122,9	120,8	118,8	116,7
49	132,7	130,6	128,6	126,5	124,5	122,4	120,4	118,4	116,3	114,3

<h1 style="text-align:center">Tafel 3</h1>

zur Ermittelung der Litermenge Branntwein, welche durch Zusatz von Wasser aus 100 Liter eines höherprozentigen Branntweins entstanden sind.

Wahre Stärke des verdünnten Branntweins	Wahre Stärke des benutzten höherprozentigen Branntweins									
	65	64	63	62	61	60	59	58	57	56
	Litermenge des verdünnten Branntweins welche aus 100 Liter Branntwein obenstehender Stärke entstanden sind									
50	130,0	128,0	126,0	124,0	122,0	120,0	118,0	116,0	114,0	112,0
51	127,5	125,5	123,5	121,6	119,6	117,6	115,7	113,7	111,8	109,8
52	125,0	123,1	121,1	119,2	117,3	115,4	113,5	111,5	109,6	107,7
53	122,6	120,7	118,9	117,0	115,1	113,2	111,3	109,4	107,6	105,7
54	120,4	118,5	116,7	114,8	113,0	111,1	109,3	107,4	105,6	103,7
55	118,2	116,4	114,5	112,7	110,9	109,1	107,3	105,5	103,6	101,8
56	116,1	114,3	112,5	110,7	108,9	107,1	105,4	103,6	101,8	
57	114,0	112,3	110,5	108,8	107,0	105,3	103,5	101,8		
58	112,1	110,3	108,6	106,9	105,2	103,4	101,7			
59	110,2	108,5	106,8	105,1	103,4	101,7				
60	108,3	106,7	105,0	103,3	101,7					
61	106,6	104,9	103,3	101,6						
62	104,8	103,2	101,6							
63	103,2	101,6								
64	101,6									

	35	34	33	32	31	30	29	28	27	26
15	233,3	226,6	220,0	213,3	206,6	200,0	193,3	186,6	180,0	173,3
16	218,7	212,5	206,2	200,0	193,7	187,5	181,2	175,0	168,7	162,5
17	205,9	200,0	194,1	188,2	182,4	176,5	170,6	164,7	158,8	153,0
18	194,5	188,9	183,3	177,8	172,2	166,7	161,1	155,6	150,0	144,4
19	184,2	178,9	173,7	168,4	163,2	157,9	152,6	147,4	142,1	136,9
20	175,0	170,0	165,0	160,0	155,0	150,0	145,0	140,0	135,0	130,0
21	166,7	161,9	157,1	152,4	147,6	142,9	138,1	133,3	128,6	123,8
22	159,1	154,6	150,0	145,5	140,9	136,4	131,8	127,3	122,7	118,2
23	152,2	147,8	143,5	139,1	134,8	130,4	126,1	121,7	117,4	113,0
24	145,9	141,7	137,5	133,3	129,2	125,0	120,9	116,7	112,5	108,3
25	140,0	136,0	132,0	128,0	124,0	120,0	116,0	112,0	108,0	104,0
26	134,6	130,8	126,9	123,1	119,2	115,4	111,5	107,7	103,9	
27	129,6	125,9	122,2	118,5	114,8	111,1	107,4	103,7		
28	125,0	121,4	117,9	114,3	110,7	107,2	103,6			
29	120,7	117,2	113,8	110,3	106,9	103,4				
30	116,7	113,3	110,0	106,7	103,3					
31	112,9	109,7	106,5	103,2						
32	109,4	106,2	103,1							
33	106,1	103,0								
34	102,9									

zur Ermittelung der Litermenge Branntwein, welche durch Zusatz von Wasser aus 100 Liter eines höherprozentigen Branntweins entstanden sind.

Wahre Stärke des verdünnten Branntweins	Wahre Stärke des benutzten höherprozentigen Branntweins									
	55	54	53	52	51	50	49	48	47	46
	Litermenge des verdünnten Branntweins welche aus 100 Liter Branntwein obenstehender Stärke entstanden sind									
15	366,7	360,0	353,3	346,7	340,0	333,3	326,7	320,0	313,3	306,7
16	343,7	337,5	331,2	325,0	318,7	312,5	306,3	300,0	293,7	287,5
17	323,5	317,7	311,8	305,9	300,0	294,1	288,2	282,4	276,5	270,6
18	305,6	300,0	294,4	288,9	283,3	277,8	272,2	266,7	261,1	255,6
19	289,5	284,2	278,9	273,7	268,4	263,2	257,9	252,6	247,4	242,1
20	275,0	270,0	265,0	260,0	255,0	250,0	245,0	240,0	235,0	230,0
21	261,9	257,1	252,4	247,6	242,9	238,1	233,3	228,6	223,8	219,0
22	250,0	245,5	240,9	236,4	231,8	227,3	222,7	218,2	213,6	209,1
23	239,1	234,8	230,4	226,1	221,7	217,4	213,0	208,7	204,3	200,0
24	229,2	225,0	220,8	216,7	212,5	208,3	204,2	200,0	195,8	191,7
25	220,0	216,0	212,0	208,0	204,0	200,0	196,0	192,0	188,0	184,0
26	211,5	207,7	203,9	200,0	196,2	192,3	188,5	184,6	180,8	176,9
27	203,7	200,0	196,3	192,6	188,9	185,2	181,5	177,8	174,1	170,4
28	196,4	192,9	189,3	185,7	182,2	178,6	175,0	171,4	167,9	164,3
29	189,7	186,2	182,8	179,3	175,9	172,4	169,0	165,5	162,1	158,6
30	183,3	180,0	176,7	173,3	170,0	166,7	163,3	160,0	156,7	153,3
31	177,4	174,2	171,0	167,7	164,5	161,3	158,1	154,8	151,6	148,4
32	171,9	168,8	165,6	162,5	159,4	156,3	153,1	150,0	146,9	143,8
33	166,7	163,6	160,6	157,6	154,5	151,5	148,5	145,5	142,4	139,4
34	161,8	158,8	155,9	152,9	150,0	147,1	144,1	141,2	138,2	135,3
35	157,1	154,3	151,4	148,6	145,7	142,9	140,0	137,1	134,3	131,4
36	152,8	150,0	147,2	144,4	141,7	138,9	136,1	133,3	130,6	127,8
37	148,6	145,9	143,2	140,5	137,8	135,1	132,4	129,7	127,0	124,3
38	144,7	142,1	139,5	136,8	134,2	131,6	128,9	126,3	123,7	121,1
39	141,0	138,5	135,9	133,3	130,8	128,2	125,6	123,1	120,5	117,9
40	137,5	135,0	132,5	130,0	127,5	125,0	122,5	120,0	117,5	115,0
41	134,1	131,7	129,3	126,8	124,4	122,0	119,5	117,1	114,6	112,2
42	131,0	128,6	126,2	123,8	121,4	119,0	116,7	114,3	111,9	109,5
43	127,9	125,6	123,3	120,9	118,6	116,3	114,0	111,6	109,3	107,0
44	125,0	122,7	120,5	118,2	115,9	113,6	111,4	109,1	106,8	104,5
45	122,2	120,0	117,8	115,6	113,3	111,1	108,9	106,7	104,4	102,2
46	119,6	117,4	115,2	113,0	110,9	108,7	106,5	104,3	102,2	
47	117,0	114,9	112,8	110,6	108,5	106,4	104,3	102,1		
48	114,6	112,5	110,4	108,3	106,3	104,2	102,1			
49	112,2	110,2	108,2	106,1	104,1	102,0				

zur Ermittelung der Litermenge Branntwein, welche durch Zusatz von Wasser aus 100 Liter eines höherprozentigen Branntweins entstanden sind.

Wahre Stärke des verdünnten Branntweins	Wahre Stärke des benutzten höherprozentigen Branntweins									
	55	54	53	52	51	50	49	48	47	46
	Litermenge des verdünnten Branntweins welche aus 100 Liter Branntwein obenstehender Stärke entstanden sind									
50	110,0	108,0	106,0	104,0	102,0					
51	107,9	105,9	103,9	102,0						
52	105,8	103,9	101,9							
53	103,8	101,9								
54	101,9									

Wahre Stärke des verdünnten Branntweins	45	44	43	42	41	40	39	38	37	36
15	300,0	293,3	286,6	280,0	273,3	266,6	260,0	253,3	246,6	240,0
16	281,3	275,0	268,8	262,5	256,3	250,0	243,8	237,5	231,3	225,0
17	264,7	258,8	252,9	247,1	241,2	235,3	229,4	223,5	217,6	211,8
18	250,0	244,4	238,9	233,3	227,8	222,2	216,7	211,1	205,6	200,0
19	236,8	231,6	226,3	221,1	215,8	210,5	205,3	200,0	194,7	189,5
20	225,0	220,0	215,0	210,0	205,0	200,0	195,0	190,0	185,0	180,0
21	214,3	209,5	204,8	200,0	195,2	190,5	185,7	181,0	176,2	171,4
22	204,6	200,0	195,5	190,9	186,4	181,8	177,3	172,7	168,2	163,6
23	195,7	191,3	187,0	182,6	178,3	173,9	169,6	165,2	160,9	156,5
24	187,5	183,3	179,2	175,0	170,8	166,7	162,5	158,3	154,2	150,0
25	180,0	176,0	172,0	168,0	164,0	160,0	156,0	152,0	148,0	144,0
26	173,1	169,2	165,4	161,5	157,7	153,9	150,0	146,2	142,3	138,5
27	166,7	163,0	159,3	155,6	151,9	148,1	144,4	140,7	137,0	133,3
28	160,7	157,1	153,6	150,0	146,4	142,9	139,3	135,7	132,1	128,6
29	155,2	151,7	148,3	144,8	141,4	137,9	134,5	131,0	127,6	124,1
30	150,0	146,7	143,3	140,0	136,7	133,3	130,0	126,7	123,3	120,0
31	145,2	141,9	138,7	135,5	132,3	129,0	125,8	122,6	119,4	116,1
32	140,6	137,5	134,4	131,3	128,1	125,0	121,9	118,8	115,6	112,5
33	136,4	133,3	130,3	127,3	124,2	121,2	118,2	115,2	112,1	109,1
34	132,4	129,4	126,5	123,5	120,6	117,7	114,7	111,8	108,8	105,9
35	128,6	125,7	122,9	120,0	117,1	114,3	111,4	108,6	105,7	102,9
36	125,0	122,2	119,4	116,7	113,9	111,1	108,3	105,6	102,8	
37	121,6	118,9	116,2	113,5	110,8	108,1	105,4	102,7		
38	118,4	115,8	113,2	110,5	107,9	105,3	102,6			
39	115,4	112,8	110,3	107,7	105,1	102,6				
40	112,5	110,0	107,5	105,0	102,5					
41	109,8	107,3	104,9	102,4						
42	107,1	104,8	102,4							
43	104,6	102,3								
44	102,3									

Tafel 4

zur Ermittelung der Litermenge Wasser, welche man zu 100 Liter eines hochprozentigen Branntweins zusetzen muß, um ihn auf einen schwächeren Branntwein zu verdünnen.

Wahre Stärke des verdünnten Branntweins	Wahre Stärke des benutzten höherprozentigen Branntweins									
	95	94	93	92	91	90	89	88	87	86
	Litermenge Wasser, welche man zu 100 Liter Branntwein der obenstehenden Stärke zusetzen muß, um ihn auf nebenstehende Stärke zu verdünnen									
25	287,4	283,1	278,8	274,6	270,3	266,1	261,9	257,7	253,5	249,4
26	272,7	268,6	264,5	260,5	256,4	252,3	248,2	244,2	240,2	236,2
27	259,3	255,3	251,3	247,4	243,4	239,5	235,6	231,7	227,8	223,9
28	246,7	242,9	239,0	235,2	231,4	227,6	223,8	220,0	216,3	212,6
29	235,0	231,3	227,6	223,9	220,2	216,5	212,9	209,2	205,6	202,0
30	224,1	220,5	216,9	213,3	209,7	206,2	202,7	199,1	195,6	192,1
31	213,9	210,4	206,9	203,4	200,0	196,6	193,1	189,6	186,2	182,8
32	204,3	200,9	197,5	194,1	190,7	187,4	184,1	180,8	177,5	174,2
33	195,2	191,9	188,6	185,4	182,1	178,8	175,6	172,4	169,2	166,0
34	186,8	183,6	180,4	177,2	174,0	170,8	167,7	164,5	161,4	158,3
35	178,7	175,5	172,4	169,4	166,3	163,2	160,1	157,0	154,0	151,0
36	171,2	168,1	165,0	162,0	159,0	156,0	153,0	150,0	147,1	144,1
37	164,0	161,0	158,0	155,1	152,1	149,2	146,3	143,4	140,5	137,7
38	157,1	154,2	151,3	148,4	145,5	142,7	139,8	137,0	134,2	131,4
39	150,7	147,9	145,0	142,2	139,4	136,6	133,9	131,1	128,3	125,6
40	144,5	141,7	138,9	136,2	133,5	130,8	128,1	125,4	122,7	120,0
41	138,6	135,9	133,2	130,5	127,8	125,2	122,6	119,9	117,3	114,7
42	133,0	130,4	127,7	125,1	122,5	119,9	117,3	114,7	112,2	109,6
43	127,6	125,0	122,4	119,9	117,3	114,7	112,2	109,7	107,2	104,7
44	122,5	120,0	117,5	115,0	112,5	110,0	107,5	105,0	102,6	100,2
45	117,6	115,1	112,7	110,2	107,8	105,3	102,9	100,5	98,1	95,7
46	112,9	110,5	108,1	105,7	103,3	100,9	98,5	96,1	93,8	91,5
47	108,4	106,0	103,6	101,2	98,9	96,6	94,3	92,0	89,7	87,4
48	104,1	101,8	99,4	97,1	94,8	92,5	90,2	87,9	85,7	83,4
49	99,9	97,6	95,3	93,0	90,7	88,5	86,3	84,1	81,9	79,7
50	96,0	93,7	91,4	89,2	86,9	84,7	82,5	80,3	78,2	76,1
51	92,2	90,0	87,8	85,6	83,4	81,2	79,0	76,9	74,8	72,7
52	88,4	86,3	84,1	82,0	79,8	77,7	75,5	73,4	71,3	69,2
53	84,8	82,7	80,6	78,5	76,3	74,2	72,1	70,1	68,0	66,0
54	81,4	79,3	77,2	75,2	73,1	71,0	69,0	67,0	65,0	63,0
55	78,1	76,0	73,9	71,9	69,9	67,9	65,9	63,9	61,9	59,9
56	74,9	72,9	70,8	68,8	66,8	64,8	62,8	60,8	58,9	57,0
57	71,7	69,7	67,7	65,8	63,8	61,9	59,9	58,0	56,1	54,2
58	68,7	66,7	64,7	62,8	60,8	58,9	57,0	55,1	53,2	51,4
59	65,8	63,9	62,0	60,1	58,2	56,3	54,4	52,5	50,6	48,8

Tafel 4

zur Ermittelung der Litermenge Wasser, welche man zu 100 Liter eines hochprozentigen Branntweins zusetzen muß, um ihn auf einen schwächeren Branntwein zu verdünnen.

Wahre Stärke des verdünnten Branntweins	Wahre Stärke des benutzten höherprozentigen Branntweins									
	95	94	93	92	91	90	89	88	87	86
	Litermenge Wasser, welche man zu 100 Liter Branntwein der obenstehenden Stärke zusetzen muß, um ihn auf nebenstehende Stärke zu verdünnen									
60	63,0	61,1	59,2	57,3	55,4	53,5	51,7	49,9	48,1	46,3
61	60,3	58,4	56,5	54,7	52,8	51,0	49,2	47,4	45,6	43,8
62	57,7	55,8	54,0	52,2	50,3	48,5	46,7	44,9	43,2	41,4
63	55,1	53,3	51,5	49,7	47,9	46,1	44,3	42,6	40,8	39,1
64	52,6	50,8	49,0	47,3	45,5	43,7	42,0	40,3	38,6	36,9
65	50,2	48,5	46,7	45,0	43,3	41,6	39,9	38,1	36,4	34,7
66	47,9	46,2	44,4	42,7	41,0	39,3	37,6	35,9	34,2	32,6
67	45,6	44,0	42,3	40,6	38,9	37,2	35,5	33,8	32,2	30,6
68	43,4	41,7	40,0	38,4	36,7	35,0	33,4	31,8	30,2	28,6
69	41,3	39,6	37,9	36,3	34,6	33,0	31,4	29,8	28,2	26,7
70	39,2	37,6	35,9	34,3	32,7	31,1	29,5	27,9	26,3	24,8
71	37,1	35,5	33,9	32,3	30,7	29,1	27,5	25,9	24,4	22,9
72	35,2	33,6	32,0	30,4	28,8	27,2	25,6	24,1	22,6	21,1
73	33,3	31,7	30,1	28,5	26,9	25,4	23,9	22,3	20,8	19,3
74	31,4	29,8	28,2	26,7	25,1	23,6	22,1	20,6	19,1	17,6
75	29,5	28,0	26,4	24,9	23,4	21,9	20,4	18,9	17,4	16,0
76	27,7	26,2	24,7	23,2	21,7	20,2	18,7	17,2	15,8	14,4
77	26,0	24,5	23,0	21,5	20,0	18,5	17,1	15,6	14,2	12,8
78	24,3	22,8	21,3	19,8	18,4	16,9	15,5	14,1	12,7	11,3
79	22,6	21,2	19,7	18,2	16,7	15,3	13,9	12,5	11,1	9,7
80	21,0	19,6	18,1	16,7	15,2	13,8	12,4	11,0	9,6	8,2
81	19,4	18,0	16,5	15,1	13,7	12,3	10,9	9,5	8,1	6,8
82	17,8	16,4	15,0	13,6	12,2	10,8	9,4	8,1	6,7	5,4
83	16,3	14,9	13,5	12,1	10,7	9,3	8,0	6,6	5,3	4,0
84	14,8	13,4	12,0	10,7	9,3	7,9	6,6	5,3	4,0	2,7
85	13,4	12,0	10,6	9,3	7,9	6,6	5,3	4,0	2,7	1,4
86	11,9	10,5	9,2	7,8	6,5	5,2	3,9	2,5	1,3	
87	10,5	9,2	7,8	6,5	5,2	3,9	2,6	1,3		
88	9,1	7,8	6,4	5,2	3,9	2,6	1,3			
89	7,8	6,5	5,1	3,9	2,6	1,3				
90	6,4	5,1	3,8	2,6	1,3					
91	5,1	3,8	2,5	1,3						
92	3,8	2,5	1,3							
93	2,5	1,3								
94	1,2									

Tafel 4

zur Ermittelung der Litermenge Wasser, welche man zu 100 Liter eines hochprozentigen Branntweins zusetzen muß, um ihn auf einen schwächeren Branntwein zu verdünnen.

Wahre Stärke des verdünnten Branntweins	Wahre Stärke des benutzten höherprozentigen Branntweins									
	85	84	83	82	81	80	79	78	77	76
	Litermenge Wasser, welche man zu 100 Liter Branntwein der obenstehenden Stärke zusetzen muß, um ihn auf nebenstehende Stärke zu verdünnen									
15	471,0	464,1	457,3	450,5	443,7	436,9	430,1	423,3	416,4	409,6
16	435,7	429,3	422,9	416,5	410,1	403,7	397,3	390,9	384,5	378,1
17	404,5	398,5	392,5	386,5	380,4	374,4	368,3	362,3	356,2	350,2
18	376,9	371,1	365,4	359,7	354,0	348,3	342,6	336,9	331,2	325,5
19	352,2	346,7	341,3	335,9	330,4	325,0	319,6	314,2	308,8	303,4
20	330,1	324,9	319,7	314,5	309,3	304,1	298,9	293,7	288,6	283,5
21	309,7	304,8	299,9	295,0	290,0	285,1	280,2	275,3	270,4	265,5
22	291,4	286,6	281,9	277,2	272,5	267,8	263,1	258,4	253,7	249,1
23	274,6	270,0	265,5	261,0	256,5	252,0	247,5	243,0	238,5	234,0
24	259,3	254,9	250,5	246,2	241,8	237,5	233,2	228,9	224,6	220,3
25	245,1	240,9	236,7	232,6	228,4	224,3	220,2	216,0	211,8	207,7
26	232,1	228,0	224,0	220,0	216,0	212,0	208,0	204,0	200,0	196,0
27	220,0	216,1	212,3	208,4	204,5	200,7	196,8	192,9	189,0	185,2
28	208,8	205,0	201,2	197,5	193,8	190,1	186,4	182,6	178,9	175,2
29	198,3	194,7	191,1	187,5	183,8	180,2	176,6	173,0	169,4	165,8
30	188,5	185,0	181,5	178,0	174,5	171,0	167,6	164,1	160,6	157,1
31	179,4	176,0	172,6	169,2	165,8	162,4	159,0	155,6	152,2	148,9
32	170,8	167,5	164,2	160,9	157,6	154,3	151,1	147,8	144,5	141,2
33	162,7	159,5	156,3	153,1	149,9	146,7	143,5	140,3	137,1	134,0
34	155,1	152,0	148,9	145,8	142,7	139,6	136,5	133,4	130,3	127,2
35	147,9	144,8	141,8	138,8	135,8	132,8	129,8	126,8	123,8	120,8
36	141,1	138,1	135,2	132,3	129,3	126,4	123,5	120,5	117,6	114,7
37	134,8	131,9	129,0	126,1	123,2	120,4	117,6	114,7	111,8	109,0
38	128,6	125,8	123,0	120,2	117,4	114,6	111,9	109,1	106,3	103,5
39	122,8	120,0	117,3	114,6	111,9	109,2	106,5	103,7	101,0	98,3
40	117,3	114,6	111,9	109,3	106,6	104,0	101,4	98,7	96,0	93,4
41	112,0	109,4	106,8	104,2	101,6	99,1	96,5	93,9	91,3	88,7
42	107,0	104,4	101,9	99,4	96,8	94,3	91,8	89,2	86,7	84,2
43	102,2	99,7	97,2	94,7	92,2	89,7	87,3	84,8	82,3	79,9
44	97,7	95,2	92,8	90,4	87,9	85,5	83,1	80,6	78,2	75,8
45	93,3	90,9	88,5	86,1	83,7	81,3	79,0	76,6	74,2	71,9
46	89,1	86,7	84,4	82,1	79,7	77,4	75,1	72,8	70,5	68,2
47	85,0	82,7	80,4	78,1	75,8	73,5	71,3	69,0	66,7	64,5
48	81,2	78,9	76,7	74,5	72,2	70,0	67,8	65,5	63,3	61,1
49	77,4	75,2	73,0	70,8	68,6	66,4	64,3	62,1	59,9	57,8

Tafel 4

zur Ermittelung der Litermenge Wasser, welche man zu 100 Liter eines hochprozentigen Branntweins zusetzen muß, um ihn auf einen schwächeren Branntwein zu verdünnen.

Wahre Stärke des verdünnten Branntweins	Wahre Stärke des benutzten höherprozentigen Branntweins									
	85	84	83	82	81	80	79	78	77	76
	Litermenge Wasser, welche man zu 100 Liter Branntwein der obenstehenden Stärke zusetzen muß, um ihn auf nebenstehende Stärke zu verdünnen									
50	73,9	71,7	69,5	67,4	65,2	63,1	61,0	58,8	56,7	54,6
51	70,5	68,3	66,2	64,1	62,0	59,9	57,8	55,7	53,6	51,5
52	67,1	65,0	62,9	60,9	58,8	56,7	54,7	52,6	50,6	48,6
53	63,9	61,8	59,8	57,8	55,7	53,7	51,7	49,7	47,7	45,7
54	60,9	58,9	56,9	54,9	52,9	50,9	48,9	46,9	44,9	42,9
55	58,0	56,0	54,0	52,0	50,1	48,1	46,1	44,2	42,2	40,3
56	55,0	53,1	51,1	49,2	47,3	45,3	43,4	41,5	39,6	37,7
57	52,2	50,3	48,4	46,5	44,6	42,7	40,8	38,9	37,0	35,2
58	49,5	47,6	45,7	43,9	42,0	40,1	38,3	36,4	34,6	32,8
59	46,9	45,0	43,2	41,4	39,5	37,7	35,9	34,1	32,3	30,5
60	44,4	42,6	40,8	39,0	37,2	35,4	33,6	31,8	30,0	28,2
61	42,0	40,2	38,4	36,7	34,9	33,1	31,4	29,6	27,8	26,1
62	39,6	37,8	36,1	34,4	32,6	30,9	29,2	27,4	25,7	24,0
63	37,3	35,5	33,8	32,1	30,4	28,7	27,0	25,3	23,6	21,9
64	35,1	33,4	31,7	30,0	28,3	26,6	25,0	23,3	21,6	19,9
65	33,0	31,3	29,6	28,0	26,3	24,6	23,0	21,3	19,6	18,0
66	30,9	29,2	27,5	25,9	24,2	22,6	21,0	19,3	17,7	16,1
67	28,9	27,2	25,6	24,0	22,3	20,7	19,1	17,5	15,9	14,3
68	26,9	25,3	23,7	22,1	20,5	18,9	17,3	15,7	14,1	12,5
69	25,0	23,4	21,8	20,3	18,7	17,1	15,6	14,0	12,4	10,8
70	23,1	21,5	19,9	18,4	16,8	15,3	13,8	12,2	10,7	9,2
71	21,3	19,7	18,1	16,6	15,1	13,6	12,1	10,5	9,0	7,5
72	19,5	17,9	16,4	14,9	13,4	11,9	10,4	8,9	7,4	5,9
73	17,8	16,3	14,8	13,3	11,8	10,3	8,8	7,3	5,8	4,4
74	16,1	14,6	13,1	11,6	10,1	8,7	7,3	5,8	4,3	2,9
75	14,5	13,0	11,5	10,1	8,6	7,2	5,8	4,3	2,8	1,4
76	12,9	11,4	10,0	8,5	7,1	5,7	4,3	2,8	1,4	
77	11,3	9,9	8,5	7,0	5,6	4,2	2,8	1,4		
78	9,8	8,4	7,0	5,6	4,2	2,8	1,4			
79	8,3	6,9	5,5	4,1	2,7	1,4				
80	6,8	5,4	4,0	2,7	1,4					
81	5,4	4,0	2,7	1,3						
82	4,0	2,6	1,3							
83	2,6	1,3								
84	1,3									

Tafel 4

zur Ermittelung der Litermenge Wasser, welche man zu 100 Liter eines hochprozentigen Branntweins zusetzen muß, um ihn auf einen schwächeren Branntwein zu verdünnen.

Wahre Stärke des verdünnten Branntweins	Wahre Stärke des benutzten höherprozentigen Branntweins									
	75	74	73	72	71	70	69	68	67	66
	Litermenge Wasser, welche man zu 100 Liter Branntwein der obenstehenden Stärke zusetzen muß, um ihn auf nebenstehende Stärke zu verdünnen									
15	402,8	396,0	389,2	382,4	375,6	368,8	362,0	355,2	348,4	341,7
16	371,7	365,3	358,9	352,6	346,2	339,8	333,5	327,1	320,7	314,4
17	344,2	338,2	332,2	326,2	320,2	314,2	308,1	302,1	296,1	290,1
18	319,8	314,1	308,4	302,8	297,1	291,4	285,7	280,0	274,3	268,7
19	298,0	292,6	287,2	281,8	276,4	271,0	265,6	260,2	254,8	249,5
20	278,3	273,1	268,0	262,9	257,7	252,6	247,5	242,4	237,3	232,2
21	260,6	255,7	250,8	245,9	241,0	236,1	231,2	226,3	221,4	216,5
22	244,3	239,6	234,9	230,3	225,6	220,9	216,2	211,5	206,8	202,2
23	229,5	225,0	220,5	216,1	211,6	207,1	202,6	198,1	193,6	189,2
24	216,0	211,7	207,4	203,1	198,8	194,5	190,2	185,9	181,6	177,3
25	203,6	199,4	195,3	191,2	187,0	182,9	178,8	174,6	170,5	166,4
26	192,0	188,0	184,0	180,1	176,1	172,1	168,1	164,1	160,1	156,2
27	181,3	177,4	173,6	169,8	165,9	162,1	158,3	154,4	150,6	146,8
28	171,5	167,7	164,0	160,3	156,6	152,9	149,2	145,5	141,8	138,1
29	162,2	158,6	155,0	151,5	147,9	144,3	140,7	137,1	133,5	130,0
30	153,6	150,1	146,6	143,2	139,7	136,2	132,8	129,3	125,8	122,4
31	145,5	142,1	138,7	135,4	132,0	128,6	125,3	121,9	118,6	115,3
32	137,9	134,6	131,3	128,1	124,8	121,6	118,3	115,0	111,8	108,6
33	130,8	127,6	124,4	121,3	118,1	114,9	111,8	108,6	105,5	102,4
34	124,1	121,0	117,9	114,9	111,8	108,7	105,7	102,6	99,5	96,5
35	117,8	114,8	111,8	108,8	105,8	102,8	99,8	96,8	93,8	90,9
36	111,8	108,8	105,9	103,0	100,1	97,2	94,3	91,4	88,5	85,6
37	106,2	103,3	100,4	97,6	94,7	91,8	89,1	86,2	83,4	80,6
38	100,7	97,9	95,1	92,4	89,6	86,8	84,1	81,3	78,6	75,9
39	95,6	92,9	90,2	87,5	84,8	82,1	79,4	76,7	74,0	71,4
40	90,8	88,1	85,5	82,9	80,2	77,6	75,0	72,3	69,7	67,1
41	86,1	83,5	80,9	78,4	75,8	73,2	70,7	68,1	65,5	63,0
42	81,7	79,2	76,7	74,2	71,6	69,1	66,6	64,1	61,6	59,1
43	77,4	74,9	72,4	70,0	67,5	65,1	62,7	60,2	57,8	55,4
44	73,4	71,0	68,6	66,2	63,8	61,4	59,0	56,6	54,2	51,9
45	69,5	67,1	64,8	62,5	60,1	57,7	55,4	53,0	50,7	48,4
46	65,9	63,6	61,3	59,0	56,7	54,4	52,1	49,8	47,5	45,2
47	62,2	60,0	57,7	55,5	53,2	50,9	48,7	46,5	44,2	42,0
48	58,9	56,7	54,5	52,3	50,0	47,8	45,6	43,4	41,2	39,0
49	55,6	53,4	51,2	49,1	46,9	44,7	42,6	40,4	38,3	36,2

Tafel 4

zur Ermittelung der Litermenge Wasser, welche man zu 100 Liter eines hochprozentigen Branntweins zusetzen muß, um ihn auf einen schwächeren Branntwein zu verdünnen.

Wahre Stärke des verdünnten Branntweins	Wahre Stärke des benutzten höherprozentigen Branntweins									
	75	74	73	72	71	70	69	68	67	66
	Litermenge Wasser, welche man zu 100 Liter Branntwein der obenstehenden Stärke zusetzen muß, um ihn auf nebenstehende Stärke zu verdünnen									
50	52,4	50,3	48,2	46,1	43,9	41,8	39,7	37,6	35,5	33,4
51	49,4	47,3	45,2	43,2	41,1	39,0	36,9	34,8	32,8	30,8
52	46,5	44,4	42,4	40,4	38,3	36,2	34,2	32,2	30,2	28,2
53	43,7	41,7	39,7	37,7	35,6	33,6	31,6	29,6	27,6	25,7
54	41,0	39,0	37,0	35,1	33,1	31,1	29,1	27,1	25,1	23,2
55	38,3	36,3	34,4	32,5	30,5	28,6	26,7	24,8	22,9	20,9
56	35,8	33,9	32,0	30,1	28,2	26,3	24,4	22,5	20,6	18,7
57	33,3	31,4	29,5	27,7	25,8	23,9	22,1	20,2	18,4	16,6
58	30,9	29,0	27,2	25,4	23,5	21,7	19,9	18,1	16,3	14,5
59	28,6	26,8	25,0	23,2	21,4	19,6	17,8	16,0	14,2	12,5
60	26,4	24,6	22,9	21,1	19,3	17,5	15,8	14,0	12,2	10,5
61	24,3	22,5	20,8	19,1	17,3	15,5	13,8	12,1	10,3	8,6
62	22,2	20,5	18,8	17,1	15,3	13,6	11,9	10,2	8,5	6,8
63	20,2	18,5	16,8	15,1	13,4	11,7	10,0	8,3	6,6	5,0
64	18,3	16,6	14,9	13,2	11,6	9,8	8,2	6,5	4,9	3,3
65	16,4	14,7	13,1	11,4	9,8	8,1	6,5	4,8	3,2	1,6
66	14,5	12,9	11,3	9,6	8,0	6,4	4,8	3,2	1,6	
67	12,7	11,2	9,6	8,0	6,4	4,8	3,2	1,6		
68	10,9	9,4	7,8	6,3	4,7	3,1	1,5			
69	9,3	7,8	6,2	4,7	3,1	1,5				
70	7,6	6,1	4,6	3,1	1,5					
71	6,0	4,5	3,0	1,5						
72	4,4	3,0	1,5							
73	2,9	1,5								
74	1,4									

	25	24	23	22	21	20	19	18	17	16
15	66,4	59,8	53,2	46,5	39,8	33,2	26,6	19,9	13,3	6,6
16	56,0	49,8	43,6	37,4	31,1	24,9	18,7	12,5	6,2	
17	46,9	41,0	35,2	29,3	23,4	17,6	11,7	5,8		
18	38,7	33,2	27,6	22,1	16,6	11,1	5,5			
19	31,5	26,2	21,0	15,8	10,5	5,2				
20	24,9	19,9	15,0	10,0	5,0					
21	19,0	14,3	9,5	4,8						
22	13,5	9,0	4,5							
23	8,6	4,3								
24	4,1									

zur Ermittelung der Litermenge Waſſer, welche man zu 100 Liter eines hochprozentigen Branntweins zuſetzen muß, um ihn auf einen ſchwächeren Branntwein zu verdünnen.

Wahre Stärke des ver= dünnten Brannt= weins	Wahre Stärke des benutzten höherprozentigen Branntweins									
	65	64	63	62	61	60	59	58	57	56
	Litermenge Waſſer, welche man zu 100 Liter Branntwein der obenſtehenden Stärke zuſetzen muß, um ihn auf nebenſtehende Stärke zu verdünnen									
15	334,9	328,1	321,3	314,6	307,8	301,1	294,4	287,6	280,8	274,1
16	308,0	301,6	295,2	288,9	282,5	276,2	269,9	263,5	257,1	250,8
17	284,1	278,1	272,1	266,2	260,2	254,2	248,2	242,2	236,2	230,3
18	263,0	257,3	251,6	246,0	240,3	234,6	229,0	223,3	217,7	212,1
19	244,1	238,7	233,3	228,0	222,6	217,2	211,9	206,5	201,1	195,8
20	227,0	221,9	216,8	211,7	206,6	201,5	196,4	191,3	186,2	181,1
21	211,6	206,7	201,8	197,0	192,1	187,2	182,4	177,5	172,6	167,8
22	197,5	192,8	188,2	183,6	178,9	174,2	169,6	164,9	160,3	155,7
23	184,7	180,2	175,8	171,4	166,9	162,4	158,0	153,5	149,0	144,6
24	173,0	168,7	164,4	160,2	155,9	151,6	147,4	143,1	138,8	134,6
25	162,2	158,1	154,0	149,9	145,8	141,7	137,6	133,5	129,4	125,3
26	152,2	148,2	144,3	140,4	136,4	132,4	128,5	124,6	120,7	116,7
27	143,0	139,2	135,4	131,6	127,8	124,0	120,1	116,3	112,5	108,7
28	134,4	130,7	127,0	123,4	119,7	116,0	112,3	108,6	104,9	101,3
29	126,4	122,8	119,3	115,8	112,2	108,7	105,1	101,5	97,9	94,4
30	119,0	115,5	112,0	108,6	105,1	101,7	98,3	94,8	91,4	88,0
31	111,9	108,5	105,2	101,9	98,5	95,2	91,9	88,5	85,2	81,9
32	105,4	102,1	98,9	95,7	92,4	89,2	86,0	82,7	79,5	76,3
33	99,2	96,0	92,9	89,8	86,6	83,5	80,4	77,2	74,1	71,0
34	93,4	90,3	87,3	84,3	81,2	78,2	75,1	72,0	69,0	66,0
35	87,9	84,9	81,9	79,0	76,0	73,0	70,1	67,1	64,1	61,2
36	82,7	79,8	76,9	74,0	71,1	68,2	65,4	62,5	59,6	56,7
37	77,8	75,0	72,2	69,4	66,5	63,7	60,9	58,1	55,3	52,5
38	73,1	70,3	67,6	64,9	62,1	59,4	56,7	53,9	51,2	48,5
39	68,7	66,0	63,3	60,7	58,0	55,3	52,7	50,0	47,3	44,7
40	64,5	61,9	59,3	56,7	54,1	51,5	48,9	46,3	43,7	41,1
41	60,4	57,8	55,3	52,8	50,2	47,7	45,2	42,6	40,1	37,6
42	56,6	54,1	51,6	49,2	46,7	44,2	41,7	39,2	36,7	34,3
43	52,9	50,4	48,0	45,6	43,1	40,7	38,3	35,9	33,5	31,1
44	49,5	47,1	44,7	42,3	39,9	37,5	35,2	32,8	30,4	28,1
45	46,1	43,7	41,4	39,1	36,8	34,5	32,2	29,8	27,5	25,2
46	42,9	40,6	38,3	36,1	33,8	31,5	29,3	27,0	24,7	22,5
47	39,8	37,5	35,3	33,1	30,8	28,6	26,4	24,2	22,0	19,8
48	36,8	34,6	32,4	30,3	28,1	25,9	23,8	21,6	19,4	17,2
49	34,0	31,8	29,7	27,6	25,4	23,3	21,2	19,0	16,9	14,8

Tafel 4

zur Ermittelung der Litermenge Wasser, welche man zu 100 Liter eines hochprozentigen Branntweins zusetzen muß, um ihn auf einen schwächeren Branntwein zu verdünnen.

Wahre Stärke des verdünnten Branntweins	Wahre Stärke des benutzten höherprozentigen Branntweins									
	65	64	63	62	61	60	59	58	57	56
	Litermenge Wasser, welche man zu 100 Liter Branntwein der obenstehenden Stärke zusetzen muß, um ihn auf nebenstehende Stärke zu verdünnen									
50	31,3	29,2	27,1	25,0	22,9	20,8	18,7	16,6	14,5	12,4
51	28,7	26,6	24,5	22,5	20,4	18,3	16,3	14,2	12,2	10,2
52	26,1	24,1	22,0	20,0	18,0	16,0	14,0	12,0	10,0	8,0
53	23,7	21,7	19,7	17,7	15,7	13,7	11,8	9,8	7,8	5,9
54	21,3	19,3	17,4	15,5	13,5	11,6	9,7	7,7	5,8	3,9
55	19,0	17,1	15,2	13,3	11,4	9,5	7,6	5,7	3,8	1,9
56	16,8	14,9	13,0	11,2	9,3	7,4	5,6	3,7	1,8	
57	14,7	12,8	11,0	9,2	7,3	5,5	3,7	1,8		
58	12,6	10,8	9,0	7,2	5,4	3,6	1,8			
59	10,7	8,9	7,1	5,3	3,5	1,7				
60	8,7	6,9	5,2	3,5	1,7					
61	6,9	5,1	3,4	1,7						
62	5,1	3,4	1,7							
63	3,3	1,6								
64	1,6									

Wahre Stärke des verdünnten Branntweins	35	34	33	32	31	30	29	28	27	26
15	133,0	126,3	119,7	113,0	106,3	99,7	93,0	86,3	79,7	73,1
16	118,5	112,2	106,0	99,7	93,5	87,2	81,0	74,7	68,5	62,3
17	105,7	99,8	93,9	88,0	82,1	76,2	70,4	64,5	58,6	52,8
18	94,3	88,7	83,2	77,6	72,1	66,5	60,9	55,4	49,8	44,3
19	84,1	78,8	73,5	68,3	63,0	57,7	52,5	47,2	41,9	36,7
20	74,9	69,9	64,9	59,9	54,9	49,9	44,9	39,9	34,9	29,9
21	66,6	61,8	57,0	52,3	47,5	42,7	38,0	33,2	28,5	23,8
22	59,0	54,4	49,9	45,4	40,8	36,2	31,7	27,1	22,6	18,2
23	52,1	47,7	43,4	39,1	34,7	30,3	26,0	21,6	17,3	13,0
24	45,8	41,6	37,4	33,3	29,1	24,9	20,8	16,6	12,4	8,3
25	40,0	36,0	32,0	28,0	24,0	20,0	16,0	12,0	8,0	4,0
26	34,6	30,7	26,8	23,0	19,1	15,3	11,5	7,6	3,8	
27	29,7	25,9	22,2	18,5	14,8	11,1	7,4	3,7		
28	25,1	21,5	17,9	14,3	10,7	7,1	3,6			
29	20,8	17,3	13,8	10,4	6,9	3,4				
30	16,7	13,3	10,0	6,7	3,3					
31	12,9	9,6	6,4	3,2						
32	9,4	6,2	3,1							
33	6,1	3,0								
34	3,0									

Tafel 4

zur Ermittelung der Litermenge Wasser, welche man zu 100 Liter eines hochprozentigen Branntweins zusetzen muß, um ihn auf einen schwächeren Branntwein zu verdünnen.

Wahre Stärke des verdünnten Branntweins	Wahre Stärke des benutzten höherprozentigen Branntweins									
	55	54	53	52	51	50	49	48	47	46
	Litermenge Wasser, welche man zu 100 Liter Branntwein der obenstehenden Stärke zusetzen muß, um ihn auf nebenstehende Stärke zu verdünnen									
15	267,3	260,5	253,8	247,1	240,3	233,6	226,9	220,1	213,4	206,6
16	244,5	238,1	231,8	225,5	219,1	212,8	206,5	200,2	193,9	187,6
17	224,2	218,2	212,3	206,4	200,4	194,5	188,6	182,6	176,6	170,7
18	206,4	200,7	195,1	189,5	183,8	178,2	172,6	167,0	161,4	155,8
19	190,4	185,0	179,7	174,4	169,0	163,7	158,4	153,0	147,7	142,4
20	176,0	170,9	165,8	160,7	155,6	150,5	145,5	140,4	135,3	130,3
21	163,0	158,1	153,2	148,4	143,5	138,7	133,9	129,0	124,2	119,4
22	151,0	146,3	141,7	137,1	132,5	127,9	123,3	118,6	114,0	109,4
23	140,1	135,7	131,3	126,9	122,4	118,0	113,6	109,2	104,8	100,4
24	130,3	126,0	121,7	117,5	113,2	109,0	104,8	100,5	96,3	92,1
25	121,2	117,1	113,0	108,9	104,8	100,7	96,7	92,6	88,5	84,5
26	112,7	108,7	104,8	100,9	96,9	93,0	89,1	85,1	81,2	77,3
27	104,9	101,1	97,3	93,5	89,7	85,9	82,2	78,4	74,6	70,8
28	97,6	93,9	90,2	86,6	82,9	79,3	75,7	72,0	68,4	64,8
29	90,9	87,3	83,7	80,2	76,6	73,1	69,6	66,0	62,5	59,0
30	84,5	81,1	77,7	74,3	70,8	67,4	64,0	60,6	57,2	53,8
31	78,6	75,3	72,0	68,7	65,4	62,1	58,8	55,5	52,2	48,9
32	73,0	69,8	66,6	63,4	60,2	57,0	53,8	50,6	47,4	44,2
33	67,8	64,6	61,5	58,4	55,3	52,2	49,1	46,0	42,9	39,8
34	62,9	59,8	56,8	53,8	50,8	47,8	44,8	41,7	38,7	35,7
35	58,2	55,2	52,3	49,4	46,4	43,5	40,6	37,6	34,7	31,8
36	53,8	50,9	48,0	45,2	42,3	39,5	36,7	33,8	31,0	28,2
37	49,7	46,9	44,1	41,3	38,5	35,7	33,0	30,2	27,4	24,7
38	45,8	43,0	40,3	37,6	34,9	32,2	29,5	26,8	24,1	21,4
39	42,0	39,3	36,7	34,1	31,4	28,8	26,2	23,5	20,9	18,3
40	38,4	35,8	33,2	30,7	28,1	25,5	23,0	20,4	17,8	15,3
41	35,0	32,5	30,0	27,5	24,9	22,4	19,9	17,4	14,9	12,4
42	31,8	29,3	26,8	24,4	21,9	19,5	17,1	14,6	12,1	9,7
43	28,7	26,3	23,9	21,5	19,1	16,7	14,3	11,9	9,5	7,1
44	25,7	23,3	21,0	18,7	16,3	14,0	11,7	9,3	7,0	4,7
45	22,9	20,6	18,3	16,0	13,7	11,4	9,1	6,8	4,5	2,3
46	20,2	17,9	15,6	13,4	11,1	8,9	6,7	4,5	2,3	
47	17,5	15,3	13,1	10,9	8,7	6,5	4,4	2,2		
48	15,1	12,9	10,7	8,6	6,4	4,3	2,2			
49	12,6	10,5	8,4	6,3	4,3	2,2				

Tafel 4

zur Ermittelung der Litermenge Wasser, welche man zu 100 Liter eines hochprozentigen Branntweins zusetzen muß, um ihn auf einen schwächeren Branntwein zu verdünnen.

Wahre Stärke des verdünnten Branntweins	Wahre Stärke des benutzten höherprozentigen Branntweins									
	55	54	53	52	51	50	49	48	47	46
	Litermenge Wasser, welche man zu 100 Liter Branntwein der obenstehenden Stärke zusetzen muß, um ihn auf nebenstehende Stärke zu verdünnen									
50	10,3	8,2	6,2	4,2	2,1					
51	8,1	6,1	4,1	2,0						
52	6,0	4,0	2,0							
53	3,9	1,9								
54	1,9									
	45	44	43	42	41	40	39	38	37	36
15	200,0	193,2	186,5	179,8	173,1	166,4	159,7	153,0	146,3	139,7
16	181,3	175,0	168,7	162,4	156,1	149,8	143,6	137,3	131,0	124,8
17	164,8	158,8	152,9	147,0	141,1	135,2	129,3	123,4	117,5	111,6
18	150,2	144,6	139,0	133,4	127,8	122,2	116,6	111,0	105,4	99,9
19	137,1	131,8	126,4	121,1	115,8	110,5	105,2	99,9	94,6	89,4
20	125,3	120,2	115,1	110,1	105,0	100,0	95,0	90,0	85,0	80,0
21	114,6	109,8	105,0	100,2	95,4	90,6	85,8	81,0	76,2	71,4
22	104,9	100,3	95,7	91,1	86,5	81,9	77,3	72,7	68,1	63,6
23	96,0	91,6	87,2	82,8	78,4	74,0	69,6	65,2	60,8	56,5
24	87,9	83,6	79,4	75,2	71,0	66,8	62,6	58,4	54,2	50,0
25	80,4	76,3	72,2	68,2	64,1	60,1	56,1	52,1	48,1	44,1
26	73,5	69,6	65,7	61,8	57,9	54,0	50,1	46,2	42,3	38,5
27	67,1	63,3	59,5	55,8	52,0	48,3	44,6	40,8	37,1	33,4
28	61,2	57,5	53,9	50,3	46,7	43,1	39,5	35,9	32,3	28,7
29	55,6	52,1	48,6	45,1	41,6	38,1	34,6	31,2	27,7	24,2
30	50,4	47,0	43,6	40,3	36,9	33,5	30,1	26,8	23,4	20,1
31	45,6	42,3	39,0	35,7	32,4	29,1	25,9	22,7	19,4	16,2
32	41,0	37,8	34,6	31,5	28,3	25,1	22,0	18,8	15,7	12,6
33	36,8	33,7	30,6	27,5	24,4	21,3	18,3	15,2	12,1	9,1
34	32,8	29,8	26,8	23,8	20,8	17,8	14,8	11,8	8,8	5,9
35	28,9	26,0	23,1	20,2	17,3	14,4	11,5	8,6	5,7	2,9
36	25,3	22,4	19,6	16,8	14,0	11,2	8,4	5,6	2,8	
37	22,0	19,2	16,4	13,7	10,9	8,2	5,5	2,8		
38	18,7	16,0	13,3	10,7	8,0	5,3	2,7			
39	15,7	13,0	10,4	7,8	5,2	2,6				
40	12,7	10,1	7,6	5,1	2,6					
41	9,9	7,4	5,0	2,6						
42	7,3	4,9	2,5							
43	4,7	2,4								
44	2,3									

zur Ermittelung der Litermenge Branntwein, welche bei verschiedenen Prozent=
stärken dem Gewicht von 1 Kilogramm entspricht.

Wahre Stärke in Ge= wichts= pro= zenten	,0	,1	,2	,3	,4	,5	,6	,7	,8	,9
	Liter, welche bei einem Branntwein von der Stärke der nebenstehenden Ganzen= und obenstehenden Zehntel=Gewichtsprozente auf 1 Kilogramm gehen									
0	1,0019	1,0021	1,0023	1,0025	1,0027	1,0029	1,0030	1,0032	1,0034	1,0036
1	1,0038	1,0040	1,0042	1,0044	1,0046	1,0048	1,0049	1,0051	1,0053	1,0055
2	1,0057	1,0059	1,0061	1,0062	1,0064	1,0066	1,0068	1,0070	1,0071	1,0073
3	1,0075	1,0077	1,0078	1,0080	1,0082	1,0084	1,0085	1,0087	1,0089	1,0090
4	1,0092	1,0094	1,0095	1,0097	1,0099	1,0101	1,0102	1,0104	1,0106	1,0107
5	1,0109	1,0111	1,0112	1,0114	1,0115	1,0117	1,0119	1,0120	1,0122	1,0123
6	1,0125	1,0127	1,0128	1,0130	1,0131	1,0133	1,0134	1,0136	1,0137	1,0139
7	1,0140	1,0142	1,0143	1,0145	1,0146	1,0148	1,0149	1,0151	1,0152	1,0154
8	1,0155	1,0157	1,0158	1,0160	1,0161	1,0163	1,0164	1,0166	1,0167	1,0169
9	1,0170	1,0171	1,0173	1,0174	1,0176	1,0177	1,0178	1,0180	1,0181	1,0183
10	1,0184	1,0185	1,0187	1,0188	1,0190	1,0191	1,0192	1,0194	1,0195	1,0197
11	1,0198	1,0199	1,0201	1,0202	1,0203	1,0204	1,0206	1,0207	1,0208	1,0210
12	1,0211	1,0212	1,0214	1,0215	1,0216	1,0217	1,0219	1,0220	1,0221	1,0223
13	1,0224	1,0225	1,0227	1,0228	1,0229	1,0230	1,0232	1,0233	1,0234	1,0236
14	1,0237	1,0238	1,0240	1,0241	1,0242	1,0243	1,0245	1,0246	1,0247	1,0249
15	1,0250	1,0251	1,0252	1,0254	1,0255	1,0256	1,0257	1,0258	1,0260	1,0261
16	1,0262	1,0263	1,0265	1,0266	1,0267	1,0269	1,0270	1,0271	1,0272	1,0274
17	1,0275	1,0276	1,0278	1,0279	1,0280	1,0281	1,0283	1,0284	1,0285	1,0287
18	1,0288	1,0289	1,0291	1,0292	1,0293	1,0294	1,0296	1,0297	1,0298	1,0300
19	1,0301	1,0302	1,0304	1,0305	1,0306	1,0307	1,0309	1,0310	1,0311	1,0313
20	1,0314	1,0315	1,0317	1,0318	1,0319	1,0321	1,0322	1,0323	1,0324	1,0326
21	1,0327	1,0328	1,0330	1,0331	1,0333	1,0334	1,0335	1,0337	1,0338	1,0340
22	1,0341	1,0342	1,0344	1,0345	1,0347	1,0348	1,0349	1,0351	1,0352	1,0354
23	1,0355	1,0356	1,0358	1,0359	1,0361	1,0362	1,0363	1,0365	1,0366	1,0368
24	1,0369	1,0371	1,0372	1,0374	1,0375	1,0377	1,0378	1,0380	1,0381	1,0383
25	1,0384	1,0386	1,0387	1,0389	1,0390	1,0392	1,0394	1,0395	1,0397	1,0398
26	1,0400	1,0402	1,0403	1,0405	1,0406	1,0407	1,0409	1,0410	1,0412	1,0413
27	1,0415	1,0417	1,0418	1,0420	1,0422	1,0423	1,0425	1,0427	1,0429	1,0430
28	1,0432	1,0434	1,0435	1,0437	1,0438	1,0440	1,0442	1,0443	1,0445	1,0446
29	1,0448	1,0450	1,0452	1,0453	1,0455	1,0457	1,0459	1,0461	1,0462	1,0464
30	1,0466	1,0468	1,0469	1,0471	1,0473	1,0474	1,0476	1,0478	1,0480	1,0481
31	1,0483	1,0485	1,0487	1,0489	1,0491	1,0493	1,0494	1,0496	1,0498	1,0500
32	1,0502	1,0504	1,0506	1,0508	1,0510	1,0511	1,0513	1,0515	1,0517	1,0519
33	1,0521	1,0523	1,0525	1,0527	1,0529	1,0530	1,0532	1,0534	1,0536	1,0538
34	1,0540	1,0542	1,0544	1,0546	1,0548	1,0550	1,0552	1,0554	1,0556	1,0558

Tafel 5

zur Ermittelung der Litermenge Branntwein, welche bei verschiedenen Prozentstärken dem Gewicht von 1 Kilogramm entspricht.

Wahre Stärke in Gewichtsprozenten	,0	,1	,2	,3	,4	,5	,6	,7	,8	,9
	Liter, welche bei einem Branntwein von der Stärke der nebenstehenden Ganzen- und obenstehenden Zehntel-Gewichtsprozenten auf 1 Kilogramm geben									
35	1,0560	1,0562	1,0564	1,0566	1,0568	1,0570	1,0572	1,0574	1,0576	1,0578
36	1,0580	1,0582	1,0584	1,0586	1,0588	1,0591	1,0593	1,0595	1,0597	1,0599
37	1,0601	1,0603	1,0605	1,0608	1,0610	1,0612	1,0614	1,0616	1,0619	1,0621
38	1,0623	1,0625	1,0627	1,0629	1,0631	1,0633	1,0636	1,0638	1,0640	1,0642
39	1,0644	1,0646	1,0649	1,0651	1,0653	1,0656	1,0658	1,0660	1,0662	1,0665
40	1,0667	1,0669	1,0672	1,0674	1,0676	1,0678	1,0681	1,0683	1,0685	1,0688
41	1,0690	1,0692	1,0695	1,0697	1,0699	1,0701	1,0704	1,0706	1,0708	1,0711
42	1,0713	1,0715	1,0718	1,0720	1,0723	1,0725	1,0727	1,0730	1,0732	1,0735
43	1,0737	1,0739	1,0742	1,0744	1,0747	1,0749	1,0751	1,0754	1,0756	1,0759
44	1,0761	1,0763	1,0766	1,0768	1,0771	1,0773	1,0775	1,0778	1,0780	1,0783
45	1,0785	1,0787	1,0790	1,0792	1,0795	1,0797	1,0800	1,0802	1,0805	1,0807
46	1,0810	1,0812	1,0815	1,0817	1,0820	1,0822	1,0825	1,0827	1,0830	1,0832
47	1,0835	1,0838	1,0840	1,0843	1,0845	1,0848	1,0850	1,0853	1,0855	1,0858
48	1,0860	1,0863	1,0865	1,0868	1,0870	1,0873	1,0876	1,0878	1,0881	1,0883
49	1,0886	1,0889	1,0891	1,0894	1,0896	1,0899	1,0902	1,0904	1,0907	1,0909
50	1,0912	1,0915	1,0917	1,0920	1,0923	1,0925	1,0928	1,0931	1,0934	1,0936
51	1,0939	1,0942	1,0944	1,0947	1,0950	1,0952	1,0955	1,0958	1,0961	1,0963
52	1,0966	1,0969	1,0971	1,0974	1,0977	1,0979	1,0982	1,0985	1,0988	1,0990
53	1,0993	1,0996	1,0998	1,1001	1,1004	1,1006	1,1009	1,1012	1,1015	1,1017
54	1,1020	1,1023	1,1025	1,1028	1,1031	1,1033	1,1036	1,1039	1,1042	1,1044
55	1,1047	1,1050	1,1053	1,1055	1,1058	1,1061	1,1064	1,1067	1,1069	1,1072
56	1,1075	1,1078	1,1081	1,1083	1,1086	1,1089	1,1092	1,1095	1,1097	1,1100
57	1,1103	1,1106	1,1109	1,1111	1,1114	1,1117	1,1120	1,1123	1,1125	1,1128
58	1,1131	1,1134	1,1137	1,1140	1,1143	1,1145	1,1148	1,1151	1,1154	1,1157
59	1,1160	1,1163	1,1166	1,1168	1,1171	1,1174	1,1177	1,1180	1,1182	1,1185
60	1,1188	1,1191	1,1194	1,1197	1,1200	1,1203	1,1206	1,1209	1,1212	1,1215
61	1,1218	1,1221	1,1224	1,1227	1,1230	1,1232	1,1235	1,1238	1,1241	1,1244
62	1,1247	1,1250	1,1253	1,1256	1,1259	1,1262	1,1264	1,1267	1,1270	1,1273
63	1,1276	1,1279	1,1282	1,1285	1,1288	1,1291	1,1294	1,1297	1,1300	1,1303
64	1,1306	1,1309	1,1312	1,1315	1,1318	1,1321	1,1324	1,1327	1,1330	1,1333
65	1,1336	1,1339	1,1342	1,1345	1,1348	1,1351	1,1354	1,1357	1,1360	1,1363
66	1,1366	1,1369	1,1372	1,1375	1,1378	1,1381	1,1384	1,1387	1,1390	1,1393
67	1,1396	1,1399	1,1403	1,1406	1,1409	1,1412	1,1415	1,1418	1,1421	1,1424
68	1,1427	1,1430	1,1433	1,1436	1,1439	1,1442	1,1446	1,1449	1,1452	1,1455
69	1,1458	1,1461	1,1464	1,1467	1,1471	1,1474	1,1477	1,1480	1,1483	1,1486

zur Ermittelung der Litermenge Branntwein, welche bei verschiedenen Prozent=
stärken dem Gewicht von 1 Kilogramm entspricht.

Wahre Stärke in Ge= wichts= pro= zenten	,0	,1	,2	,3	,4	,5	,6	,7	,8	,9
	Liter, welche bei einem Branntwein von der Stärke der nebenstehenden Ganzen= und obenstehenden Zehntel=Gewichtsprozente auf 1 Kilogramm gehen									
70	1,1489	1,1492	1,1495	1,1498	1,1502	1,1505	1,1508	1,1511	1,1514	1,1517
71	1,1521	1,1524	1,1527	1,1530	1,1533	1,1536	1,1540	1,1543	1,1546	1,1549
72	1,1552	1,1555	1,1559	1,1562	1,1565	1,1568	1,1571	1,1574	1,1578	1,1581
73	1,1584	1,1587	1,1591	1,1594	1,1597	1,1600	1,1604	1,1607	1,1610	1,1613
74	1,1617	1,1620	1,1623	1,1626	1,1630	1,1633	1,1636	1,1639	1,1643	1,1646
75	1,1649	1,1652	1,1656	1,1659	1,1662	1,1665	1,1669	1,1672	1,1675	1,1678
76	1,1682	1,1685	1,1689	1,1692	1,1695	1,1698	1,1702	1,1705	1,1708	1,1711
77	1,1715	1,1718	1,1722	1,1725	1,1728	1,1731	1,1735	1,1738	1,1742	1,1745
78	1,1749	1,1752	1,1755	1,1758	1,1762	1,1765	1,1769	1,1772	1,1776	1,1779
79	1,1782	1,1785	1,1789	1,1792	1,1796	1,1799	1,1803	1,1807	1,1810	1,1813
80	1,1817	1,1820	1,1824	1,1827	1,1831	1,1834	1,1837	1,1840	1,1844	1,1847
81	1,1851	1,1854	1,1858	1,1861	1,1865	1,1868	1,1872	1,1875	1,1879	1,1882
82	1,1886	1,1889	1,1893	1,1896	1,1900	1,1903	1,1907	1,1910	1,1914	1,1918
83	1,1922	1,1925	1,1929	1,1932	1,1936	1,1939	1,1943	1,1946	1,1950	1,1953
84	1,1957	1,1961	1,1965	1,1968	1,1972	1,1975	1,1979	1,1982	1,1986	1,1990
85	1,1994	1,1997	1,2001	1,2004	1,2008	1,2012	1,2016	1,2019	1,2023	1,2026
86	1,2030	1,2034	1,2038	1,2041	1,2045	1,2049	1,2053	1,2056	1,2060	1,2064
87	1,2068	1,2071	1,2075	1,2079	1,2083	1,2086	1,2090	1,2094	1,2098	1,2102
88	1,2106	1,2109	1,2113	1,2117	1,2121	1,2125	1,2129	1,2132	1,2136	1,2140
89	1,2144	1,2148	1,2152	1,2156	1,2160	1,2164	1,2168	1,2171	1,2175	1,2179
90	1,2183	1,2187	1,2191	1,2195	1,2199	1,2203	1,2207	1,2211	1,2215	1,2219
91	1,2223	1,2227	1,2231	1,2235	1,2239	1,2243	1,2248	1,2252	1,2256	1,2260
92	1,2264	1,2268	1,2272	1,2276	1,2281	1,2285	1,2289	1,2293	1,2297	1,2301
93	1,2305	1,2309	1,2314	1,2318	1,2323	1,2327	1,2331	1,2335	1,2340	1,2344
94	1,2348	1,2352	1,2357	1,2361	1,2366	1,2370	1,2374	1,2378	1,2383	1,2387
95	1,2392	1,2396	1,2400	1,2404	1,2409	1,2413	1,2418	1,2422	1,2427	1,2431
96	1,2436	1,2440	1,2445	1,2449	1,2454	1,2459	1,2463	1,2468	1,2473	1,2477
97	1,2482	1,2486	1,2491	1,2495	1,2500	1,2505	1,2510	1,2514	1,2519	1,2524
98	1,2528	1,2533	1,2538	1,2543	1,2548	1,2552	1,2557	1,2562	1,2567	1,2571
99	1,2576	1,2581	1,2586	1,2591	1,2596	1,2601	1,2606	1,2611	1,2616	1,2621
100	1,2626									

Tafel 6

zur Ermittelung des Gewichts von 1 Liter Branntwein bei der Normaltemperatur
für verschiedene wahre Stärken nach Gewichtsprozenten.

Wahre Stärke in Gewichtsprozenten	,0	,1	,2	,3	,4	,5	,6	,7	,8	,9
	Kilogramme, welche ein Liter Branntwein von der Stärke der nebenstehenden Ganzen- und obenstehenden Zehntel-Gewichtsprozente wiegt									
0	0,9980	0,9978	0,9976	0,9974	0,9972	0,9970	0,9969	0,9967	0,9965	0,9963
1	0,9961	0,9959	0,9957	0,9956	0,9954	0,9952	0,9950	0,9948	0,9947	0,9945
2	0,9943	0,9941	0,9940	0,9938	0,9936	0,9934	0,9933	0,9931	0,9929	0,9928
3	0,9926	0,9924	0,9923	0,9921	0,9919	0,9917	0,9916	0,9914	0,9912	0,9911
4	0,9909	0,9907	0,9906	0,9904	0,9902	0,9900	0,9899	0,9897	0,9895	0,9894
5	0,9892	0,9890	0,9889	0,9887	0,9886	0,9884	0,9883	0,9881	0,9880	0,9879
6	0,9877	0,9875	0,9874	0,9872	0,9871	0,9869	0,9868	0,9866	0,9865	0,9863
7	0,9862	0,9861	0,9859	0,9858	0,9856	0,9855	0,9853	0,9852	0,9850	0,9849
8	0,9847	0,9846	0,9844	0,9843	0,9841	0,9840	0,9839	0,9837	0,9836	0,9834
9	0,9833	0,9832	0,9830	0,9829	0,9828	0,9826	0,9825	0,9824	0,9823	0,9821
10	0,9820	0,9819	0,9817	0,9816	0,9815	0,9813	0,9812	0,9811	0,9810	0,9808
11	0,9806	0,9805	0,9804	0,9803	0,9802	0,9800	0,9799	0,9798	0,9797	0,9795
12	0,9794	0,9793	0,9791	0,9790	0,9789	0,9787	0,9786	0,9785	0,9784	0,9782
13	0,9781	0,9780	0,9779	0,9777	0,9776	0,9775	0,9774	0,9773	0,9771	0,9770
14	0,9769	0,9768	0,9766	0,9765	0,9764	0,9762	0,9761	0,9760	0,9759	0,9757
15	0,9756	0,9755	0,9754	0,9752	0,9751	0,9750	0,9749	0,9748	0,9746	0,9745
16	0,9744	0,9743	0,9742	0,9740	0,9739	0,9738	0,9737	0,9736	0,9734	0,9733
17	0,9732	0,9731	0,9730	0,9728	0,9727	0,9726	0,9725	0,9724	0,9722	0,9721
18	0,9720	0,9719	0,9718	0,9716	0,9715	0,9714	0,9713	0,9712	0,9710	0,9709
19	0,9708	0,9707	0,9706	0,9704	0,9703	0,9702	0,9701	0,9700	0,9698	0,9697
20	0,9696	0,9695	0,9693	0,9692	0,9691	0,9690	0,9688	0,9687	0,9686	0,9684
21	0,9683	0,9682	0,9680	0,9679	0,9678	0,9677	0,9675	0,9674	0,9673	0,9671
22	0,9670	0,9669	0,9667	0,9666	0,9665	0,9664	0,9662	0,9661	0,9660	0,9658
23	0,9657	0,9656	0,9654	0,9653	0,9652	0,9650	0,9649	0,9648	0,9647	0,9645
24	0,9644	0,9643	0,9641	0,9640	0,9638	0,9637	0,9636	0,9634	0,9633	0,9631
25	0,9630	0,9629	0,9627	0,9626	0,9624	0,9623	0,9622	0,9620	0,9619	0,9617
26	0,9616	0,9614	0,9613	0,9611	0,9610	0,9608	0,9607	0,9605	0,9604	0,9602
27	0,9601	0,9600	0,9598	0,9597	0,9595	0,9594	0,9592	0,9591	0,9589	0,9588
28	0,9586	0,9585	0,9583	0,9582	0,9580	0,9579	0,9577	0,9576	0,9574	0,9573
29	0,9571	0,9569	0,9568	0,9566	0,9565	0,9563	0,9562	0,9560	0,9559	0,9557
30	0,9556	0,9554	0,9553	0,9551	0,9549	0,9547	0,9546	0,9545	0,9543	0,9541
31	0,9539	0,9538	0,9537	0,9535	0,9533	0,9531	0,9530	0,9528	0,9526	0,9525
32	0,9523	0,9521	0,9519	0,9518	0,9516	0,9514	0,9512	0,9510	0,9509	0,9507
33	0,9505	0,9503	0,9502	0,9500	0,9498	0,9497	0,9495	0,9493	0,9491	0,9490
34	0,9488	0,9486	0,9484	0,9483	0,9481	0,9479	0,9477	0,9475	0,9474	0,9472

93

Tafel 6

zur Ermittelung des Gewichts von 1 Liter Branntwein bei der Normaltemperatur für verschiedene wahre Stärken nach Gewichtsprozenten.

Wahre Stärke in Gewichtsprozenten	,0	,1	,2	,3	,4	,5	,6	,7	,8	,9
	Kilogramme, welche ein Liter Branntwein von der Stärke der nebenstehenden Ganzen- und obenstehenden Zehntel-Gewichtsprozente wiegt									
35	0,9470	0,9468	0,9466	0,9465	0,9463	0,9461	0,9459	0,9457	0,9456	0,9454
36	0,9452	0,9450	0,9448	0,9446	0,9444	0,9442	0,9441	0,9439	0,9437	0,9435
37	0,9433	0,9431	0,9429	0,9427	0,9425	0,9423	0,9422	0,9420	0,9418	0,9416
38	0,9414	0,9412	0,9410	0,9408	0,9406	0,9404	0,9403	0,9401	0,9399	0,9397
39	0,9395	0,9393	0,9391	0,9389	0,9387	0,9385	0,9383	0,9381	0,9379	0,9377
40	0,9375	0,9373	0,9371	0,9369	0,9367	0,9365	0,9363	0,9361	0,9359	0,9357
41	0,9355	0,9353	0,9351	0,9349	0,9347	0,9345	0,9343	0,9341	0,9339	0,9337
42	0,9335	0,9333	0,9331	0,9329	0,9327	0,9324	0,9322	0,9320	0,9318	0,9316
43	0,9314	0,9312	0,9310	0,9308	0,9306	0,9304	0,9302	0,9300	0,9298	0,9296
44	0,9294	0,9292	0,9290	0,9288	0,9286	0,9283	0,9281	0,9279	0,9277	0,9275
45	0,9273	0,9271	0,9269	0,9266	0,9264	0,9262	0,9260	0,9258	0,9255	0,9253
46	0,9251	0,9249	0,9247	0,9245	0,9243	0,9240	0,9238	0,9236	0,9234	0,9232
47	0,9230	0,9228	0,9226	0,9223	0,9221	0,9219	0,9217	0,9215	0,9212	0,9210
48	0,9208	0,9206	0,9204	0,9201	0,9199	0,9197	0,9195	0,9193	0,9190	0,9188
49	0,9186	0,9184	0,9182	0,9179	0,9177	0,9175	0,9173	0,9171	0,9168	0,9166
50	0,9164	0,9162	0,9160	0,9157	0,9155	0,9153	0,9151	0,9149	0,9146	0,9144
51	0,9142	0,9140	0,9138	0,9135	0,9133	0,9131	0,9129	0,9127	0,9124	0,9122
52	0,9120	0,9118	0,9116	0,9113	0,9111	0,9109	0,9107	0,9105	0,9102	0,9100
53	0,9098	0,9096	0,9093	0,9091	0,9089	0,9086	0,9084	0,9082	0,9080	0,9077
54	0,9075	0,9073	0,9070	0,9068	0,9066	0,9064	0,9061	0,9059	0,9057	0,9054
55	0,9052	0,9050	0,9048	0,9045	0,9043	0,9041	0,9039	0,9037	0,9034	0,9032
56	0,9030	0,9028	0,9025	0,9023	0,9021	0,9018	0,9016	0,9014	0,9012	0,9009
57	0,9007	0,9005	0,9002	0,9000	0,8998	0,8996	0,8993	0,8991	0,8989	0,8986
58	0,8984	0,8982	0,8979	0,8977	0,8975	0,8973	0,8970	0,8968	0,8966	0,8963
59	0,8961	0,8959	0,8956	0,8954	0,8952	0,8950	0,8947	0,8945	0,8943	0,8940
60	0,8938	0,8936	0,8933	0,8931	0,8929	0,8927	0,8924	0,8922	0,8920	0,8917
61	0,8915	0,8913	0,8910	0,8908	0,8906	0,8903	0,8901	0,8899	0,8897	0,8894
62	0,8892	0,8890	0,8887	0,8885	0,8883	0,8880	0,8878	0,8876	0,8874	0,8871
63	0,8869	0,8867	0,8864	0,8862	0,8859	0,8857	0,8855	0,8852	0,8850	0,8847
64	0,8845	0,8843	0,8840	0,8838	0,8836	0,8834	0,8831	0,8829	0,8827	0,8824
65	0,8822	0,8820	0,8818	0,8815	0,8813	0,8810	0,8808	0,8806	0,8804	0,8801
66	0,8799	0,8797	0,8794	0,8792	0,8789	0,8787	0,8785	0,8782	0,8780	0,8777
67	0,8775	0,8773	0,8771	0,8768	0,8766	0,8763	0,8761	0,8759	0,8757	0,8754
68	0,8752	0,8750	0,8747	0,8745	0,8742	0,8740	0,8737	0,8735	0,8733	0,8730
69	0,8728	0,8726	0,8723	0,8721	0,8719	0,8716	0,8714	0,8711	0,8709	0,8706

Tafel 6

zur Ermittelung des Gewichts von 1 Liter Branntwein bei der Normaltemperatur für verschiedene wahre Stärken nach Gewichtsprozenten.

Wahre Stärke in Gewichtsprozenten	,0	,1	,2	,3	,4	,5	,6	,7	,8	,9
	Kilogramme, welche ein Liter Branntwein von der Stärke der nebenstehenden Ganzen- und obenstehenden Zehntel-Gewichtsprozente wiegt									
70	0,8704	0,8702	0,8700	0,8698	0,8695	0,8693	0,8690	0,8688	0,8685	0,8683
71	0,8681	0,8679	0,8676	0,8674	0,8671	0,8669	0,8666	0,8664	0,8662	0,8660
72	0,8657	0,8655	0,8652	0,8649	0,8646	0,8644	0,8641	0,8639	0,8637	0,8635
73	0,8632	0,8630	0,8627	0,8625	0,8622	0,8620	0,8618	0,8616	0,8613	0,8611
74	0,8608	0,8606	0,8603	0,8601	0,8598	0,8596	0,8593	0,8591	0,8589	0,8587
75	0,8584	0,8582	0,8579	0,8577	0,8574	0,8572	0,8569	0,8567	0,8565	0,8563
76	0,8560	0,8558	0,8555	0,8553	0,8550	0,8548	0,8546	0,8544	0,8541	0,8539
77	0,8536	0,8534	0,8531	0,8529	0,8526	0,8524	0,8521	0,8519	0,8516	0,8514
78	0,8511	0,8509	0,8506	0,8504	0,8501	0,8499	0,8496	0,8494	0,8492	0,8490
79	0,8487	0,8485	0,8482	0,8480	0,8477	0,8475	0,8472	0,8470	0,8467	0,8465
80	0,8462	0,8460	0,8457	0,8455	0,8452	0,8450	0,8448	0,8446	0,8443	0,8440
81	0,8437	0,8435	0,8432	0,8430	0,8428	0,8426	0,8423	0,8421	0,8418	0,8416
82	0,8413	0,8411	0,8408	0,8406	0,8403	0,8401	0,8398	0,8396	0,8393	0,8391
83	0,8388	0,8386	0,8383	0,8381	0,8378	0,8376	0,8373	0,8371	0,8368	0,8366
84	0,8363	0,8361	0,8358	0,8356	0,8353	0,8351	0,8348	0,8345	0,8342	0,8340
85	0,8337	0,8335	0,8332	0,8330	0,8327	0,8325	0,8322	0,8320	0,8317	0,8315
86	0,8312	0,8310	0,8307	0,8305	0,8302	0,8299	0,8296	0,8294	0,8291	0,8289
87	0,8286	0,8284	0,8281	0,8279	0,8276	0,8273	0,8270	0,8268	0,8265	0,8263
88	0,8260	0,8258	0,8255	0,8253	0,8250	0,8248	0,8245	0,8242	0,8239	0,8237
89	0,8234	0,8232	0,8229	0,8226	0,8223	0,8221	0,8218	0,8216	0,8213	0,8211
90	0,8208	0,8205	0,8202	0,8200	0,8197	0,8194	0,8191	0,8189	0,8186	0,8184
91	0,8181	0,8178	0,8175	0,8173	0,8170	0,8167	0,8164	0,8162	0,8159	0,8156
92	0,8153	0,8151	0,8148	0,8145	0,8142	0,8140	0,8137	0,8134	0,8131	0,8129
93	0,8126	0,8123	0,8120	0,8118	0,8115	0,8112	0,8109	0,8107	0,8104	0,8101
94	0,8098	0,8095	0,8092	0,8090	0,8087	0,8084	0,8081	0,8078	0,8075	0,8073
95	0,8070	0,8067	0,8064	0,8061	0,8058	0,8055	0,8052	0,8049	0,8046	0,8044
96	0,8041	0,8038	0,8035	0,8032	0,8029	0,8026	0,8023	0,8020	0,8017	0,8014
97	0,8011	0,8008	0,8005	0,8002	0,7999	0,7996	0,7993	0,7990	0,7987	0,7984
98	0,7982	0,7979	0,7975	0,7972	0,7969	0,7966	0,7963	0,7960	0,7957	0,7954
99	0,7951	0,7948	0,7945	0,7942	0,7939	0,7936	0,7932	0,7929	0,7926	0,7923
100	0,7920									